高等职业教育精品工程规划教材

数字电子技术实验实训

梁 健 胥 淮 主 编

饶蜀华 王光旭 周 兴 参 编

U0282392

Publishing House of Electronics Industry

北京·BEIJING

内 容 简 介

本书是数字电子技术立体化系列教材的实验实训指导书部分，其主要用途是指导学生进行数字电路实验及综合实训。

本书的内容包括数字电子技术实验实训基础知识（包括实验室的安全操作规程、实验常用器材和工具的使用、实验方法、常见故障的诊断与排除）；数字电路应用实验（包括 12 个数字电路实验任务及对其实验目的、器材和工具、内容和步骤、实验报告内容等的介绍，其中标*号的为学时不够时的选做内容）；数字电路综合实训（包括综合实训的基本任务、基本要求、基本步骤和方法、排除故障训练与考核、4 个可选课题等）以及附录（介绍了数字逻辑实验仪、双踪示波器与数字万用表的使用方法，实验室常用元器件的型号及参数，常用数字集成电路（TTL、CMOS）的型号及引脚排列图，以及部分数字集成电路的功能等）。

本书可作为高职高专院校及成人高校的电子、通信等专业的"数字电子技术"和"电子技术基础"课程的数字电子部分的教材（实验单独设课）或实训指导书（实验不单独设课）。本书提供的一些实验资源也可供从事电子技术方面的工程技术人员参考。

图书在版编目（CIP）数据

数字电子技术实验实训 / 梁健，胥淮主编. —北京：电子工业出版社，2020.6

ISBN 978-7-121-39063-0

Ⅰ. ①数… Ⅱ. ①梁… ②胥… Ⅲ. ①数字电路—电子技术—实验—高等学校—教材 Ⅳ. ①TN79-33

中国版本图书馆 CIP 数据核字（2020）第 095840 号

责任编辑：郭乃明

印　　刷：三河市君旺印务有限公司

装　　订：三河市君旺印务有限公司

出版发行：电子工业出版社

　　　　　北京市海淀区万寿路 173 信箱　邮编　100036

开　　本：787×1 092　1/16　印张：9.5　字数：243.2 千字

版　　次：2020 年 6 月第 1 版

印　　次：2022 年 1 月第 4 次印刷

定　　价：27.00 元

凡所购买电子工业出版社图书有缺损问题，请向购买书店调换。若书店售缺，请与本社发行部联系，联系及邮购电话：（010）88254888，88258888。

质量投诉请发邮件至 zlts@phei.com.cn，盗版侵权举报请发邮件至 dbqq@phei.com.cn。

本书咨询联系方式：（010）88254561，34825072@qq.com。

前　　言

数字电子技术实验与实训是高职高专院校及成人高校的电子、通信及相关专业的重要实践性环节，对于巩固和拓宽课堂所学理论知识、培养和提高学生解决实际问题的能力和创新能力起着十分重要的作用。

随着电子技术的发展，许多新技术、新设备不断涌现，为配合高等职业教育发展的新形势，相应的实训内容也有了较大改动，增加了许多新内容，删掉了部分陈旧的内容（如分立元器件电路），削减了小规模集成电路的篇幅占比，增加了目前飞速发展和广泛应用的中、大规模集成电路和 CMOS 电路的篇幅占比。

以往的实验实训教学主要侧重验证性的内容，这种教学模式很难满足现代职业教育及行业就业的要求。本教材的基本思想是将传统的实验教学内容划分为验证性实验、设计性实验及综合实训等几个层次。

本书第 1 章介绍进行数字电子技术实验实训需要掌握的一些基础知识，包括实验室的安全操作规程、实验常用器材和工具的使用、实验方法、常见故障的诊断与排除，可作为学生实验预习时和实验进行中的参考资料，也可作为教师进行指导的辅助材料。

本书第 2 章介绍了数字电路应用实验，包括 12 个数字电路实验任务（包括验证性实验、设计性实验）及对其实验目的、器材和工具、内容和步骤、实验报告内容等的介绍，其中标*号的为学时不够时的选做内容。根据各自院校的专业规划和学时设置，教师可根据需要选择 12 个任务中的一部分进行课内实验，其他的作为课外自学或选做内容。每个任务的课内学时为 2 学时，所有课内实验都要求学生自己动手在实验装置上进行连接和调试，目的是巩固和加深对数字电路基本单元电路的理解并适当扩充课堂教学内容，培养基本技能。

本书第 3 章介绍了数字电路综合实训，包括综合实训的基本任务、基本要求、基本步骤和方法、排除故障训练与考核及 4 个可选课题等，目的是进一步提高学生的数字电子技术应用设计能力，要求学生在基本教学实验的基础上，综合运用已学知识，完成小型系统的设计制作任务，包括确定设计方案、电路选择、元器件参数值的计算、电路的安装与调试故障排除、利用仪器进行指标测试及写出综合实训报告。一次综合实训的课内学时一般为两周，也可根据专业课程标准，适当删减部分内容，调整课内学时为一周。

为便于学生在实验前预习、实验中查阅资料，附录部分简单介绍了数字逻辑实验仪、双踪示波器与数字万用表的使用方法，实验室常用元器件的型号及参数，常用数字集成电路（TTL、CMOS）的型号及引脚排列图，以及部分数字集成电路的功能。本书的元器件符号采用现行国家标准，同时兼顾了国外集成元器件符号的流行画法。

关于更复杂的电子电路仿真及可编程逻辑元器件的设计应用技术，考虑到许多院校对此独立设课——电子设计自动化（EDA），本书不进行阐述。

　　本书由作者在教学中使用多年的《数字电路实验指导书》《数字电路课程设计指导书》《常用集成电路产品及应用手册》的基础上，结合多年教学资源的积累，参阅大量参考文献编写而成。在编纂过程中，周兴、王龙、饶蜀华、任娟慧、王光旭、张欣等对本书的编写给予了大力支持。在此，对上述所有同志表示衷心的感谢。

　　由于编者水平有限，书中难免存在疏漏和不妥之处，恳请读者批评指正。

编　者

2020 年 2 月

目　　录

学 生 实 验 守 则

为保证实验教学严谨、科学、文明、有序地进行，特制定本守则。

一、认真预习

明确实验目的，掌握实验的基本要求、原理、方法与步骤；熟悉操作规程及安全注意事项。

二、科学实验

听从指导教师指导，独立思考、规范操作、细致观察、认真记录；及时整理实验记录，写出实验报告，并按时上交。

三、遵守纪律

不迟到，不早退，不无故缺席；不动用与实验无关的设备、器材，不高声喧哗，不进行与实验无关的活动。

四、确保安全

严格遵守实验室安全管理制度和实验仪器设备操作规程，发现设备故障或其他异常情况，应立即采取应急措施，并及时报告。在查明原因，排除故障后，方能继续实验。实验结束后，仔细进行安全检查，关闭水、电和门窗后方可离开。

五、整洁卫生

随时保持实验环境的整洁，不得随地吐痰，不得在实验室抽烟、吃零食，不得乱扔纸屑等。

六、爱护公物

爱护实验室仪器设备，对耗材应注意节约和合理使用，如发生损坏仪器设备等事故，应主动向指导教师汇报。

第1章　数字电子技术实验实训基础知识

内容提要：本章介绍数字电子技术实验课程的安全操作规程、实验常用工具和材料的使用、实验方法及常见故障的诊断与排除，以此作为实验课的前期准备，为顺利地完成实验打好基础。

1.1　实验室的安全操作规程

为保证人身与仪器、设备安全，保证实验教学严谨、科学、文明、有序地进行，进入实验室后要严格遵守实验室安全管理制度和实验仪器设备安全操作规程。

1.1.1　人身安全

实验室中常见的危及人身安全的事故是触电，为避免事故的发生，进入实验室后应遵循以下规则。

（1）实验时不允许赤脚，各种仪器设备应良好接地。

（2）仪器设备、实验装置中通过强电的连接导线应有良好的绝缘外套，芯线不得外露。

（3）实验者在接通或断开 220V 交流电源时，最好用一只手操作。拔电源插头时应用手抓住插头而不要抓住导线，以免导线被扯断发生触电或短路事故。

（4）若发生触电事故，首先应迅速切断电源，使触电者立即脱离电源并采取必要的急救措施。

1.1.2　仪器、设备安全

（1）使用仪器前应认真阅读使用说明书，掌握仪器的使用方法和注意事项。

（2）实验中要有目的地操作仪器面板上的开关或旋钮，禁止盲目拨弄开关，切忌用力过猛。

（3）实验过程中要特别注意异常现象的发生，如嗅到焦臭味，见到冒烟和火花，听到"劈啪"的响声，感到设备或元器件过热，发现电源指示灯异常熄灭及熔断器熔断等，应立即切断电源，并及时报告实验指导人员。在查明原因、排除故障后，才能再次开机继续实验。如发生仪器设备损坏等事故，应主动向指导教师汇报。

（4）搬动仪器设备时，必须轻拿轻放；未经允许，不得随意调换仪器，更不得擅自拆卸仪器设备。

（5）仪器使用完毕，应将面板上各旋钮、开关置于合适的位置，如将数字万用表功能开关旋至"OFF"挡、将指针式万用表挡位开关置于交流电压最大挡。实验完毕应切断电源。

（6）为保证元器件及仪器安全，在连接实验电路时，应在电路连接完成并检查完毕后，再接通电源及信号源。

1.2　实验常用器材和工具的使用

本节介绍在多孔实验插座板上进行数字电路实验时常用的基本器材、安装检修工具，及其使用方法、经验和技巧。

1.2.1　常用器材

1. 多孔实验插座板

多孔实验插座板俗称"面包板"，在多孔实验插座板上布满了供插接元器件的插孔，因其像面包一样方便插入而得名。

图 1-1 为常用多孔实验插座板的示意图，每个多孔实验插座板由两排 64 列导电良好的金属弹性簧片组成，每列对应一个簧片，每个簧片有 5 个插孔，这 5 个插孔在电气上相通，而各列之间电气上不相通。因此，每一列可作为电路中的一个节点，在此节点上，最多可连接 5 个元器件。插孔之间及簧片之间均为双列直插式集成电路的标准间距，因此适于插入各种双列直插式集成电路，亦可插入引脚直径为 0.5～0.6mm 的任何元器件。将集成电路插入两列簧片之间时，其余的 4 个插孔可用于集成电路各引脚的输入、输出或互相连接。另有两排平行的插孔可专供接入电源线及地线。每半排插孔之间相互连通，这对于需要多电源供电的实验来说非常方便。

多孔实验插座板的使用很灵活、方便，虽然元器件的排列与引线的走向受一定限制，但仍可做到使搭接的电路整齐、美观。

用多孔实验插座板搭接电路一般用于临时性实验，不用焊接，因此元器件的引线不必剪短，可以反复使用，利用率高，不易损坏元器件，更换元器件快捷，增减自如。对于已定型的电路，则须采用印制电路板。

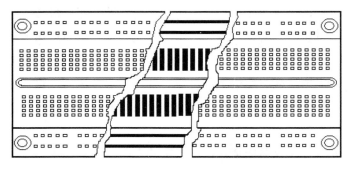

图 1-1　多孔实验插座板（面包板）示意图

2. 单芯硬导线

为配合多孔实验插座板而采用直径为 0.5～0.6mm 的单芯硬导线（塑料绝缘皮）。

在截取导线时，注意将剪刀口稍微斜放再截取，使导线头呈尖头以便插入多孔实验插座板。截取导线的长度必须适当。导线两端塑料绝缘皮以剥去 4～6mm 为宜，若剥去太短，则导线无法与弹性簧片良好接触，而剥去太长则裸露部分的线芯易因互相碰触而短路。一根导线经过多次使用后，导线头易弯曲，很难再插入多孔实验插座板，此时必须用镊子将其理直，或干脆将其剪去，重新剥出一个导线头。

整齐的布线极为重要，它不但使检查、更换元器件方便，而且使线路可靠。布线时，应在组件周围布线，导线不应跨过集成电路，尽量使用短线，避免交叉走线，同时设法使导线尽量不覆盖不用的孔，且应贴近多孔实验插座板表面。

布线的顺序通常是首先接电源线和地线，再把闲置输入端通过一只 1～10kΩ 的电阻接电源正极（逻辑 1）或接地（逻辑 0），然后接输入线、输出线及控制线。

单芯硬导线有多种颜色可供选用，通常用不同颜色来区分不同功能的连接线。如常用红色导线作为电源线，用黑色导线作为地线，而用其他不同颜色的导线分别作为输入线、输出线及控制线。这样便于在连接较复杂电路时检查和排除故障。

1.2.2　常用工具

1. 镊子

镊子是安装集成电路和连接导线不可缺少的工具，如图 1-2（a）所示。

新的双列直插式集成电路的引脚往往不是弯成直角的，而有些向外偏，因此在插入前须先用镊子把引脚向内弯好，使两排引脚间距离恰好为 7.5mm。每一次将集成电路插入多孔实验插座板时，应注意每一个引脚的位置是否合适，若引脚不整齐，须用镊子整理。因为一般组件在多孔实验插座板上接插得很紧，所以拆卸时切勿用手拔组件，否则不但费力，而且易把引脚弄弯甚至损坏组件，若要从多孔实验插座板上拆卸集成电路，须用镊子对撬。

在布线密集的情况下，镊子对嵌线和拆线是很有用的。要求镊子弹性适中，钳口较尖。

2．剥线钳

剥线钳是专用的剥除导线皮的工具，如图 1-2（b）所示，将待剥皮的导线插入剥线钳中与导线粗细适当的孔位中，压紧钳柄，拉出导线，则线皮即可剥掉。

3．剪刀

剪刀可用于截取导线、修剪元器件的引脚等，如图 1-2（c）所示。在搭建电路时，用剪刀剪取适当长度的导线。若导线的长度很短就无法使用剥线钳，可以用剪刀剥去导线外层的塑料绝缘皮，方法是：用剪刀口轻轻夹住导线头，抓紧导线的一头，将剪刀向外摆动，便可剥下导线的塑料绝缘皮；或者先在导线头外轻轻剪一圈，割断导线塑料绝缘皮，再进行剥除。注意刀口要锋利，剪刀夹紧导线头时既不能太紧也不能太松，太紧会剪断或损伤内部的金属线芯，太松又不能剥下塑料绝缘皮。

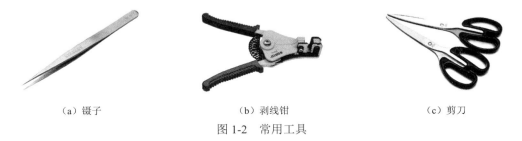

（a）镊子　　　　　　　　（b）剥线钳　　　　　　　　（c）剪刀

图 1-2　常用工具

1.3　实验方法

在进行数字电路实验时，除了掌握实验电路的工作原理、所用元器件的性能、测试仪器的操作方法及使用规则外，还必须掌握数字电路的实验方法和逻辑电路的测试方法。要运用正确的方法进行逻辑参数的测试或逻辑电路的调试。

1.3.1 TTL 与 CMOS 数字集成电路的使用规则

1. TTL 电路使用规则

1）电源

① 典型电源电压为 5V±0.25V（74 系列），电压超出此范围，电路工作将可能紊乱。电源的正极和地线不可接反，电源电压的极限参数为 7V。TTL 电路存在尖峰电流，应保证接地良好，并要求电源内阻尽可能小。为防止外来干扰信号通过电源串入电路，常在电源输入端接入 10～100μF 的低频滤波电容，每隔 5～10 个集成电路在电源和地之间接入一个 0.01～0.1μF 的高频滤波电容。

② 数字逻辑电路和强电控制电路要分别接地，避免强电控制电路在地线上产生干扰。

③ 在电源接通时，严禁插拔集成电路，因为电流的冲击可能会造成其永久性损坏。

2）闲置输入端

输入端不能直接与高于+0.5V 和低于−0.5V 的低内阻电源连接，否则将损坏芯片。输入端悬空等效于接高电平，但易引入干扰，故闲置输入端应根据逻辑功能的要求连接，以不改变电路逻辑状态及保证电路工作稳定为原则。

① 对于输入关系为相"与"的情况（与门、与非门），闲置输入端应接高电平。可直接接电源正极（临时实验时允许），或通过一只 1～10kΩ 的电阻接电源正极（要求长期工作时），也可与有用输入端并联使用（若前级驱动能力允许）。

② 对于输入关系为相"或"的情况（或门、或非门），闲置输入端应接低电平。一般直接接地，也可与有用输入端并联使用（若前级驱动能力允许）。

③ 对于与或非门中不使用的与门，该与门至少应有一个输入端接地。

3）输出端

① 输出端不允许直接接电源或直接接地，否则可能使输出级的管子因电流过大而损坏。输出端可通过上拉电阻与电源正极相连，使输出高电平提升。输出电流应小于产品手册上规定的最大值。

② 具有推拉式输出结构的 TTL 门电路的输出端不允许直接并联使用。

③ 集电极开路门输出端可并联使用实现"线与"，其公共输出端和电源正极之间应接负载电阻。集电极开路门可驱动大电流负载、实现电平转换。

④ 三态输出门的输出端可并联使用，但任一时刻只允许一个门工作，此时其他门应处于高阻状态。

2．CMOS 电路使用规则

1）电源

① VDD 应接电源正极，VSS 应接电源负极，不可接反，否则可能会造成电路永久性失效。

② 4000 系列的电源电压可在 3～15V（A 型）、3～18V（B 型）范围内选择，不允许超过极限值 20V。电源电压越高，抗干扰能力越强。实验电路中，电源电压一般设为 +5V，与 TTL 电源电压相同。

③ 4500 系列的电源电压可在 3～18V 范围内选择，不允许超过极限值 18V。

④ 高速 CMOS 电路中 HC 系列的电源电压可在 2～6V 范围内选择，HCT 系列的电源电压在 4.5～5V 范围内选择，不允许超过极限值 7V。

⑤ 在电源接通时，严禁插拔集成电路，因为电流的冲击可能会造成其永久性损坏。

2）闲置输入端

① 凡接通电源的 CMOS 集成电路，其所有闲置输入端不允许悬空，否则输出状态不稳定，还会产生大电流，使电路失效。

② 对于输入关系为相"与"的情况（与门、与非门），闲置输入端应接高电平，可直接接 VDD。

③ 对于输入关系为相"或"的情况（或门、或非门），闲置输入端应接低电平，可直接接 VSS。

④ 闲置输入端不宜与有用输入端并联使用，这样会增大输入电容，使电路工作速度下降。但在低速应用时允许输入端并联使用。

3）输出端

① 输出端不允许直接接电源 VDD 或直接接地 VSS，否则可能使输出级的管子因电流过大而损坏。输出电流应小于产品手册上规定的最大值。

② 为提高驱动能力，可将同一集成芯片上的相同门电路的输入端、输出端并联使用。

③ 当输出端接大容量负载电容时，流过的电流很大，使功耗增加、工作速度下降，甚至可能损坏管子，因此应在输出端和大容量负载电容之间串联一个阻值大于 $10k\Omega$ 的限流电阻，并尽量减小容性负载，以保证流过管子的电流不超过允许值。

4）CMOS 电路的保护措施 1——防止静电击穿

CMOS 电路的输入端设置了保护电路，但这种保护是有限的。由于 CMOS 电路的输入阻抗很高，极易产生较高的静电电压，从而击穿 MOS 管栅极极薄的绝缘层，造成元器件的永久性损坏。为此可采取下列措施。

① 焊接时最好采用低瓦数（如 20W）内热式电烙铁。电烙铁必须接地良好，必要时可将电烙铁的电源断开，利用余热焊接，焊接时间不宜过长。焊接用工作台不要铺塑

料板等易带静电的物体，避免外界干扰和静电击穿。

② 安装、调试时，应使所有的工具、仪表、工作台面等有良好的接地。

③ 存储和运输时，最好采用带金属屏蔽层的包装材料。

5）CMOS 电路的保护措施 2——预防锁定效应

CMOS 电路有一种特有的失效模式——锁定效应，也称作可控硅效应，这是元器件固有故障现象，其原因是元器件内部存在正反馈。消除正反馈形成条件，即可避免锁定效应，为此可采取下列措施。

① 通电测试时若信号源和电路板使用两组稳压电源，则应先接入直流电源，后接信号源；使用结束时，应先关信号源，后关直流电源。

② 保证输入信号电压低于 VDD、高于 VSS。

③ 不用手触摸输入引脚。

1.3.2 TTL 与 CMOS 电路的主要电气参数指标

1. 常用数字集成芯片主要参数指标对照（如表 1-1 所示）

表 1-1 常用数字集成芯片主要参数指标对照（电源为 5V 时）

系列类别 参数名称	TTL		CMOS	
	74LS	4000	74HC	74HCT
电源电压范围 V_{CC}/V	5 ± 0.25	$3\sim18$	$2\sim6$	5 ± 0.5
导通电源电流 I_{CCL}	$\leqslant$10mA	—	$\leqslant$20μA	$\leqslant$20μA
截止电源电流 I_{CCH}	$\leqslant$5mA	—	$\leqslant$20μA	$\leqslant$20μA
输出高电平电压 U_{OH}/V	$\geqslant$2.7	$\geqslant V_{DD}$-0.05	$\geqslant V_{DD}$-0.1	$\geqslant V_{DD}$-0.1
输出低电平电压 U_{OL}/V	$\leqslant$0.5	$\leqslant$0.05	$\leqslant$0.1	$\leqslant$0.1
输入高电平电压 U_{IH}/V	$\geqslant$2.0	$\geqslant$3.5	$\geqslant$3.5	$\geqslant$2.0
输入低电平电压 U_{IL}/V	$\leqslant$0.8	$\leqslant$1.5	$\leqslant$1.0	$\leqslant$0.8
输出低电平电流 I_{OL}/mA	$\leqslant$8	$\leqslant$0.51	$\leqslant$4	$\leqslant$4
输出高电平电流 $-I_{OH}$/mA	$\leqslant$0.4	$\leqslant$0.51	$\leqslant$4	$\leqslant$4
输入低电平电流 $-I_{IL}$/μA	$\leqslant$400	$\leqslant$0.1	$\leqslant$0.1	$\leqslant$0.1
输入高电平电流 I_{IH}/μA	$\leqslant$20	$\leqslant$0.1	$\leqslant$0.1	$\leqslant$0.1
扇出系数 N_O	$\geqslant$10	$\geqslant$50	$\geqslant$50	$\geqslant$50
平均传输延迟时间 t_{pd}/ns	10	45	10	10
最高工作频率 f_{max}/MHz	50	5	50	50
每门功耗 P	2mW	5μW	1μW	1μW
速度功率积/pJ	40	$0.03\sim10$	$0.03\sim10$	$0.03\sim10$
工作温度范围 T/℃	$0\sim70$	$-40\sim85$	$-40\sim85$	$-40\sim85$
直流噪声容限 DCM（L/H）/V	0.3/0.7	1.45	0.9/1.35	0.7/2.4

2．CMOS 元器件的主要电气参数指标

以 4 输入二与非门 CC4012 为例，主要电气参数指标如表 1-2 所示。

表 1-2　4 输入二与非门 CC4012 的主要电气参数指标

T_A=25℃，动态参数测试时 t_r=t_f=20ns，C_L=50pF，R_L=200kΩ

参 数 名 称	符　　号	测试条件（V）			参　　　　数	
		u_O	u_I	V_{DD}	最　小　值	最　大　值
静态电流	I_{DD}		0/5	5		0.25μA
			0/15	15		1.00μA
输出低电平电流	I_{OL}	0.4	0/5	5	0.51mA	
		1.5	0/15	15	3.4mA	
输出高电平电流	I_{OH}	4.6	0/5	5	−0.51mA	
		13.5	0/15	15	−3.4mA	
输入电流	I_I		0/18	18		±0.1μA
输出低电平电压	U_{OL}		0/5	5		0.05V
			0/15	15		0.05V
输出高电平电压	U_{OH}		0/5	5	4.95V	
			0/15	15	14.95V	
输入低电平电压	U_{IL}	0.5/4.5		5		1.5V
		1.5/13.5		15		4V
输入高电平电压	U_{IH}	0.5/4.5		5	3.5V	
		1.5/13.5		15	11V	
传输延迟时间	t_{pd}			5		250ns
				15		90ns

1.3.3　数字电路的功能测试方法

在安装与调试数字电路时，通常需要测试集成元器件和由集成元器件组成的逻辑电路的功能，以检验和修正设计方案。下面介绍相关的测试方法。

1．数字集成芯片的功能测试方法

在安装电路之前，应对所选用的数字集成芯片进行逻辑功能检测，以避免因元器件功能不正常而增加调试的难度。检测前首先应充分熟悉和理解芯片的逻辑功能，采用适当的测试手段。检测芯片的逻辑功能的方法是多种多样的，常用的有如下几种：

（1）仪器检测法。可以用仪器进行检测，如利用示波器、逻辑信号笔、脉冲信号笔、数字频率计、专用逻辑仪等。

（2）功能实验检查法。可在实验仪上围绕被测芯片搭接临时实验电路，利用实验电

路进行芯片的逻辑功能测试。

当芯片输入端的数量较多时，要想完整而迅速地测试其逻辑功能，须依靠对所测芯片逻辑功能的理解，灵活地进行。

如 4 输入与非门，根据与逻辑运算特点，只要测 0111、1011、1101、1110（输入有"0"则结果为"1"）、1111（输入全为"1"结果才为"0"）这 5 项输入，便可知每个输入端功能是否正常，而不用测 16 项输入组合。

又如 8 选 1 数据选择器，其输入端有 1 个选通端、3 个地址选择端、8 个数据输入端共 12 个端子，不应也不可能盲目地测试 2^{12} 种输入组合，可按照其功能表，首先验证选通端处于"禁止"时的功能，此时输出恒为 0，改变地址选择端和数据输入端的输入，应该都不影响结果（这些端子此时为无关项）；再使选通端处于选通状态，验证数据选择功能，即分别测试 3 个地址选择端 8 种输入组合对应的输出，如地址选择端输入 000 时，输出端对应的应该是数据输入端 D_0，改变 D_0 的数据则输出应相应地改变，而改变其他各数据输入端（此时为无关项）时输出应不变。这样，测试表格只列出 9 行即可，如附录 C 中 74LS151 的功能表所示。

（3）替代法。若在正常工作的数字电路中有与待测芯片型号相同的芯片，可用待测芯片取代之。若电路功能仍然正常则说明该待测芯片功能正常。此方法非常适合用于检测大量同型号芯片的功能。

2. 几种基本数字电路的功能测试方法

1）组合逻辑电路

由于组合逻辑电路任意时刻的输出只与当时的输入有关，电路没有记忆功能，因此只进行静态测试，而不必进行动态测试。

通过测试，列出待测电路的真值表，从而判断其逻辑功能是否正常，具体方法为：将各输入端分别接实验仪上的逻辑电平开关（提供逻辑"1"和逻辑"0"），将各输出端分别接实验仪上的 LED 逻辑电平显示（亮为逻辑"1"，灭为逻辑"0"），按真值表的输入状态顺序拨动逻辑电平开关，对应记录输出的状态，从而得到真值表。然后根据该真值表分析电路是否符合逻辑功能的要求。

2）时序逻辑电路

由于时序逻辑电路任意时刻的输出不仅与当时的输入有关，而且与电路原来的状态有关，即电路有记忆功能，因此测试其逻辑功能时应考虑时间顺序问题，不仅要进行静态测试，而且也要进行动态测试。

静态测试时，对于触发器一般要测试复位、置位、翻转功能，对于其他电路则应测试复位、置位、保持等控制输入端功能。通常可根据集成电路的功能表来测试。

动态测试时，首先应正确处理控制输入端（如是否能复位、置位或保持等），然后在时钟脉冲（单次或连续）作用下，测试触发器和计数器的计数功能（设计测试表格时常采用计数状态顺序表）及寄存器的移位功能(各输出状态按时间顺序记录)，或用示波器观测电路在连续时钟脉冲作用下，各输出端对应的波形。

1.3.4　数字电路的实验测试手段

实验中要充分利用实验仪上所提供的各种测试手段，以便调试电路。

1．输入方式

（1）逻辑电平开关。

注意：机械开关在拨动过程有抖动，只可用于输入静态的逻辑电平"0"或"1"，不能用作时钟脉冲。

（2）单次脉冲。适用于单步测试电路的计数功能或移位功能。

（3）连续脉冲。当输出用 LED 电平指示或数码管显示时，宜采用低频信号（通常 1Hz 左右）；而用示波器观察波形时，宜采用较高频率的信号（如 1kHz）。当示波器波形显示不正常时，可适当调节连续脉冲的周期。

2．输出方式

（1）逻辑电平 LED 指示：适于显示静态的逻辑电平信号或低频数字信号。由实验仪提供的该输出方式要求被显示的信号为标准的 TTL 数字信号，当输出为逻辑"1"时指示灯亮，反之，输出为逻辑"0"时指示灯灭。

注意：当输出为高阻态或悬空时指示灯也不亮，应加以区分。

（2）数码管显示：若电路输出为 8421BCD 码，则可显示数字 0~9；若电路输出为禁止码，则不能显示数字 0~9，而显示由译码器生产厂家设定的特殊字符。

（3）示波器显示：可采用较高频率的周期性信号。

（4）万用表测量：当怀疑某输出逻辑电平信号不正常时，常用万用表测量其电压值是否在正常范围之内。

1.3.5　根据实验原理图画接线图的方法

用多孔实验插座板搭接电路的过程，是一个将电路原理图（简称原理图）变为实际电路的过程。虽然两者在元器件的排列和走向上可能不同，但各元器件间的电气连接关系应该是完全一样的。初学者往往会分析原理图而不会分析实际电路，因此应通过对照集成电路引脚排列图搭接电路来培养分析实际电路的能力。

分立元器件电路的接线可以直接在实验仪上进行接线而体现，无须另画接线图。对于使用集成电路元器件的数字电路而言，电路的原理图（逻辑图）与其对应的接线图相差较远，如图 1-3（a）、（b）所示。

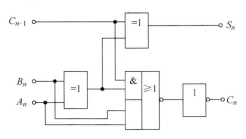

（a）全加器的逻辑图

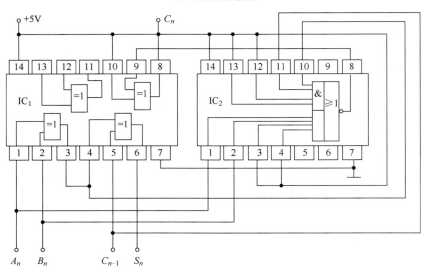

（b）全加器的接线图

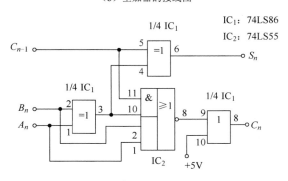

（c）全加器的实验电路图

图 1-3　全加器的各种表示方法

原理图（逻辑图）可以清楚地反映电路的逻辑关系，却不能反映集成电路的引脚排列规则和接法，也不能反映每个门的实际位置，因此接线时不能直接按原理图接线，而应对照集成电路引脚排列图接线；而接线图虽然非常便于连接电路，却不能简明地反映电路的逻辑关系，不便于读图、分析电路功能、对照电路分析和检查故障，特别是当电路较复杂时，画一张完整的接线图的工作量很大，容易出错（画错或接错）。因此，原理图和接线图都不是理想的实验用图。实践中，较好的方法是将二者结合，在原理图的基础上，加上必要的文字说明及数字标号，使之既反映电路的逻辑关系，又能作为实验时接线的依据，如图 1-3（c）所示。逻辑符号上标明所用元器件的型号和相应的引脚排列序号，当元器件数量较多时还要给元器件加上序号。应该说明的是实验电路图上没有将集成电路元器件的电源和地线反映出来，实际接线时应注意首先接集成电路的电源线和地线，以免遗漏。

上述绘制实验电路图的方法只针对在实验仪上进行的硬件实验。当实验所用的集成电路元器件很多时，上述方法是烦琐、费时的。实际中可利用 EDA 设计软件在计算机上自动布局、布线。

1.4　常见故障的诊断与排除

1.4.1　数字电路常见故障

在实验中，如果所使用的测试方法是正确的，但电路却不能实现预期的逻辑功能时，称电路有故障。一般数字电路常见故障源为电路设计错误、布线错误、断路故障、短路故障、集成电路芯片故障、实验仪器或多孔实验插座板工作不正常等。

（1）电路设计错误。这里不是指电路逻辑功能设计错误，而是指所选元器件不合适造成电路中各元器件之间在时序配合上的错误，如触发器的触发边沿选择及电平选择、电路延迟时间的配合、某些元器件的控制信号变化对时钟脉冲所处状态的要求等。

（2）布线错误。实验中大量的故障为布线错误，表现为漏线和错线。

（3）断路故障。断路故障指电路中的电气节点（包括信号线、传输线、测试线、连接点）断路产生的故障。在多孔实验插座板上搭接电路，经长期使用的金属弹性簧片可能失去弹性，而双列直插式集成电路的引脚较细，因而可能产生接触不良现象，由此产生的故障率是最高的。另外此类故障也可能由安装中断线、漏线、插错孔位引起。

这类故障产生的现象一般为相关点的电平不正常，可用万用表、逻辑笔或示波器（配合测试信号）从源头沿一定路径逐段查寻，找出信号中断的节点。若是接触不良，故障的表现为时有时无，带有一定的偶发性。减少这类故障的办法是尽量在安装中保证每一根导线接触良好（导线的金属裸露部分不可过短）、集成电路芯片平稳、牢固地安装、采用优质多孔实验插座板。

（4）短路故障。短路故障指电路中的电气节点短路造成电路异常，如电源正极与地线短路会导致电源电压为零（或电源指示灯异常熄灭等），局部逻辑线混连会导致逻辑功能混乱。常见的原因：安装中的桥接故障（即相近导线连在一起造成短路）；导线的金属裸露部分过长，穿过多孔实验插座板内部的弹性簧片与相邻孔位短路；安装中插错孔位。

（5）集成电路芯片故障。集成电路芯片故障指集成电路芯片功能不正常。这类故障的特点或是芯片烫手，或是电源端的电压近似为零，或是输入端的逻辑电平正常而输出端的逻辑电平没有达到规定值。通过观察芯片是否插错方向，用手触摸，观察电源指示，输入规定逻辑信号进行测试，可以发现故障点或可疑点。在外围电路连接无误的情况下，可用经检查合格的同类芯片进行替换。若替换可疑芯片后电路工作恢复正常，则可确定可疑芯片功能损坏。若芯片烫手，往往是电源故障，须先行排除电源故障后再检测功能。

由于芯片的引脚折断或折弯而未能插入实验板引起的故障往往体现为芯片的逻辑功能不能实现，这种故障要仔细查找才能找到。

（6）实验仪器或多孔实验插座板故障：如实验仪输出的信号不正常、实验仪的逻辑电平显示器损坏、多孔实验插座板的弹簧片松动或接触不良等。

（7）电源故障。电源故障指集成电路芯片的电源供给不正常。由于 74 系列 TTL 电路的电源电压要求较为苛刻，为 $5\pm0.25V$，而在多孔实验插座板上接线会因接触电阻较大而使 5V 电源电压降低，使芯片工作不正常。

另外，多孔实验插座板提供两排双行的插孔供电源线和地线专用，由于位置邻近，容易错误地将电源线和地线短路或混淆；每半排插孔电气相通，每排插孔的中间是断开的，初学者往往容易忘记将其接通。

（8）悬空的输入端导致的问题。初学者往往会忽略闲置输入端而使其悬空，这种情况在电路较复杂时很常见。TTL 电路输入端悬空等效于接高电平，但易引入较大干扰。控制输入端悬空的干扰可能引起误动作；而 CMOS 电路输入端不允许悬空。应对照集成电路芯片的引脚排列图仔细查找，是否每一个输入端都正确处理了。若有闲置输入端，应根据具体功能接固定高、低电平。

1.4.2　数字电路常见故障的检查与排除方法

实验中出现故障和问题是难免的，要善于将理论与实际相结合，遵循一定的原则和方法去分析故障，查找故障源，就可能较快地找出解决问题的方法和途径。

当数字系统同时出现多个故障时，应首先查找对系统工作影响最严重的故障，将其排除后再检查其他次要故障。在故障被排除后，还应检查修复后的数字系统是否已完全恢复正常，有没有带来其他问题。只有数字系统完全恢复了原有功能，并达到规定的技术要求，而又没有带来其他问题时，才算故障完全被排除了。

以下介绍在电路设计和接线图正确的前提下，数字电路常见故障的检查与排除方法。

1．观察法

（1）检查接线。数字电路实训中，因接错线导致的故障率很高，有时还会损坏元器件，应对照接线图检查电路的接线有无错线、断线或漏线，特别注意电源线和地线。

（2）检查集成电路芯片的连接。首先检查电源和地线连接是否正常，其次检查芯片插接方向、外接引线及与其他电路的连线是否正确，有无未处理的闲置输入端，特别是控制输入端和 CMOS 输入端。

2．用逻辑电平显示器检测

利用实验仪上的逻辑电平显示器，可以非常方便地检测出电路中某点的逻辑状态（为"0"、为"1"或为低频方波信号），然后根据电路的功能，判断该点的逻辑状态是否正确。若状态不正确，进一步细查故障源。逻辑电平显示器用指示灯亮表示"1"、指示灯灭表示"0"，但当状态为高阻（悬空）时指示灯也不亮，此时应借助万用表确定其状态。

3．用万用表检测

（1）测量电源电压：用万用表电压挡测量电源端与地线之间的电压值，须将万用表的表笔直接接触集成电路芯片的电源引脚和地线引脚，测量电源电压是否在正常范围内。若电压略低于 4.75V，应从电源输入端逐级检查，直至找到接触不良的点。若电压为 0，表示电源短路或开路。

（2）测量电阻：若电源短路或开路，应首先关闭电源，再用万用表"Ω×10"挡逐级测量电源端与地之间的电阻值，直至找到短路点或断路点。

（3）检查元器件：将被测元器件（如二极管、电容、电阻、电位器、按钮开关等）从电路中分离出来再用万用表测试，以判断被测元器件是否失效。若测电解电容，应先用导线将其正端对地短路，使其中的存储电荷泄放掉再检查，否则可能损坏万用表。

（4）静态测量：使电路固定在某一故障状态下，再用万用表测量可能有故障的电路点的电压，从而确定故障点。对于 LS 系列 TTL 电路，其输入端电压和输出端电压的正常范围如表 1-3 所示。

表 1-3　TTL 电路在不同静态情况下的输入端和输出端电压范围

引脚所处状态	应测得的电压范围/V
所有"与"输入端悬空	1.0～1.4
有一个"与"输入端接低电平 0.3V	≤0.4
有一个"与"输入端接地	≤0.1
该"与"输入端接高电平	≥2.7
输出低电平	≤0.4
输出高电平	≥2.7
两输出端短路（两输出端状态不同时）	0.6～2.0

4．替换法

当怀疑某部分电路或元器件有故障时,可用完全相同的电路或元器件进行替换使用,若替换后故障消除，说明原电路或元器件有故障。替换法的优点是方便易行，在查找故障的同时也排除了故障。它的缺点是替换上的电路或元器件有可能被损坏，因此应慎重，在判断原电路和元器件确有故障或替换后不会损坏时才可使用此法。如在使用 2 输入四与非门 74LS00 时，若只使用了其中两个门，则可换用其余门电路，以判断原门电路是否有问题。如怀疑芯片有问题时，在保证芯片安全的情况下，可用同型号的芯片替换，若替换后电路恢复正常，则说明原芯片损坏。

5．逐级跟踪检查

在输入端输入信号，然后按信号流向从输入到输出（或从输出到输入）逐级检查各级输入和输出是否正常，直到找出故障位置。如发现某级输出不正确或无输出，则故障就发生在该级或下级电路，这时，应将级间连线断开，进行单独测试。如断开后，该级电路工作正常，说明故障在下级电路；若断开后，下级电路工作正常，则说明故障在该级电路。

若电路由大量模块级联而成，采用对半分隔法检查能加快查找故障的速度。如某电路由 8 个模块级联而成，可把它分隔成两个等份，先检测模块 4 的输出，若输出正常，说明故障出在模块 5 到 8 中；再用对半分隔法检测模块 6 的输出，若输出异常，则可判断故障出在模块 5 或 6 中；再检测模块 5，若输出异常说明模块 5 有故障，若输出正常表示故障点在模块 6。这样可只测几次便快速查明故障点，如图 1-4 所示。

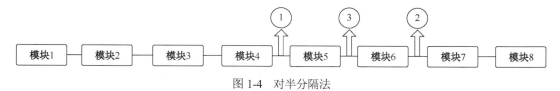

图 1-4　对半分隔法

6．断开反馈线检查

对于有反馈线的闭合电路，必要时可断开反馈线检查各级电路工作是否正常，再判断故障点或进行状态预置后再检查故障。

7．改变输入状态，观察输出状态

（1）无论输入信号如何变化，输出一直保持高电平不变时，可能是被测集成电路的地线接触不良或未接地线。

（2）如输出信号的变化规律和输入的相同，则可能是集成电路未加上电源电压或电源线接触不良。

（3）对于 JK 触发器，如不管 J、K 输入端的信号如何变化，在时钟脉冲作用下，电路始终处于计数状态，可能是 J、K 端漏接线、接触不良或是断线。

8．对于工作频率高的电路应采取的措施

（1）减小电源内阻，加大电源输出线和地线直径，扩大地线面积或采用接地板，尽可能地将电源线和地线夹在相邻输入和输出信号线之间，这样可起到屏蔽作用。

（2）尽量缩短连线长度。

（3）输出线尽量不紧靠输入线，逻辑线尽量不紧靠时钟脉冲线。

（4）驱动多路同步电路的时钟脉冲线，其各路信号延迟的时间尽量接近。

第 2 章 数字电路应用实验

内容提要：本章提供了与数字电路相关的 12 个实验任务，可根据课时灵活安排，其中标*号的任务为选做内容。

2.1 任务 1 集成逻辑门电路的逻辑功能测试

1. 实验目的

（1）熟悉数字逻辑实验仪（以下简称实验仪）的结构、基本功能和使用方法。

（2）掌握常用非门、与非门、与或非门、异或门的逻辑功能及其测试方法。

2. 实验器材及工具（如表 2-1 所示）

表 2-1 实验器材及工具

名　称	型号或规格	数　量
实验仪	DLE-3	1 台
万用表	MF-500	1 只
2 输入四与非门（TTL）	74LS00	1 块
六反相器（TTL）	74LS04	1 块
4 输入二与或非门（TTL）	74LS55	1 块
四异或门（TTL）	74LS86	1 块
导线	$\varnothing$0.5～0.6mm 单芯硬导线	若干

3. 实验说明

（1）实验仪提供 5±0.2V 的直流电源供用户使用。接电源线时一定要注意接触良好，TTL 电路对电源电压要求较严，超过 5.5V 将损坏元器件，低于 4.5V 元器件的逻辑功能将不正常。

（2）连接导线时，为了便于区别，最好用不同颜色导线区分电源和地线，一般用红色导线接电源，用黑色导线接地。

（3）实验仪操作板部分提供了 12 位逻辑电平开关，由 12 个钮子开关组成（$K_0 \sim K_{11}$），开关往上拨时，对应的输出插孔输出高电平"1"，开关往下拨时，输出低电平"0"。

（4）实验仪操作板部分提供了 12 位逻辑电平 LED 显示器（$L_0 \sim L_{11}$），可用于测试门电路逻辑电平的高低，LED 亮表示"1"，灭表示"0"。

（5）实验仪操作板部分提供高频或低频连续脉冲（CP），可在要求不高的场合代替脉冲信号发生器产生的脉冲信号。

4．实验预习要求

（1）复习 TTL 非门、与非门、与或非门、异或门的逻辑功能。

（2）熟悉 74LS00、74LS04、74LS55、74LS86 的引脚排列图。

（3）熟悉实验仪，详细阅读附录 A 相关内容。

（4）熟悉本次实验内容和步骤。

5．实验内容与步骤

1）测试 74LS04（六反相器）的逻辑功能

将 74LS04 正确插入多孔实验插座板，注意识别 1 脚位置。按图 2-1 接线。输入端 A 接逻辑电平开关，输出端 Y 接逻辑电平 LED 显示器。按表 2-2 要求依次从 1A～6A 端输入高、低电平信号，测出对应输出端 1Y～6Y 的逻辑电平。

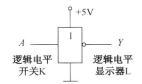

图 2-1　测试非门的逻辑功能

表 2-2　74LS04 逻辑功能测试表

A	$1Y$	$2Y$	$3Y$	$4Y$	$5Y$	$6Y$
0						
1						

2）74LS00（2 输入四与非门）

（1）测试 74LS00 的逻辑功能。

将 74LS00 正确插入多孔实验插座板，注意识别 1 脚位置。输入端 A、B 接逻辑电平开关，输出端 Y 接逻辑电平 LED 显示器。

按表 2-3 要求依次从输入端输入 1、0，测出对应输出端的逻辑电平。

表 2-3　74LS00 逻辑功能测试表

A	B	$1Y$	$2Y$	$3Y$	$4Y$
0	0				
0	1				
1	0				
1	1				

（2）观察与非门对信号的控制作用。

将输入端 1A 改接实验仪上的低频连续脉冲信号输出端（调至频率约为 2Hz 的方波），控制输入端 1B 分别为 0、1，观察输出端 1Y 的情况并记录，说明与非门对 1A 端输入信号的控制作用。

3）测试 74LS55（4 输入二与或非门）的逻辑功能

将 74LS55 正确插入多孔实验插座板，注意识别 1 脚位置。8 个输入端全部接逻辑电平开关，输出端 Y 接逻辑电平 LED 显示器。

按表 2-4 要求输入信号，测出相应的输出逻辑电平，填入表中。

提示：74LS55 共有 8 个输入端，其最小项很多，在实际测量时，只要输入表中所列出的 11 项数据抽验逻辑功能，即可判断其逻辑功能是否正常。

表 2-4　74LS55 部分逻辑功能测试表

A	B	C	D	E	F	G	H	Y
0	0	0	0	0	0	0	0	
0	0	0	0	0	1	1	1	
0	0	0	0	1	0	1	1	
0	0	0	0	1	1	0	1	
0	0	0	0	1	1	1	0	
0	0	0	0	1	1	1	1	
1	1	1	1	0	0	0	0	
0	1	1	1	0	0	0	0	
1	0	1	1	0	0	0	0	
1	1	0	1	0	0	0	0	
1	1	1	0	0	0	0	0	

本元器件的逻辑表达式应为 $Y = \overline{ABCD + EFGH}$ ，请与实测值相比较。

4）74LS86（四异或门）

（1）测试 74LS86 的逻辑功能。

将 74LS86 正确插入多孔实验插座板，注意识别 1 脚位置。输入端 A、B 接逻辑电平开关，输出端 Y 接逻辑电平 LED 显示器。

按表 2-5 要求依次从输入端 A、B 输入 1、0，测出对应输出端 1Y～4Y 的逻辑电平。

表 2-5　74LS86 逻辑功能测试表

A	B	$1Y$	$2Y$	$3Y$	$4Y$
0	0				
0	1				
1	0				
1	1				

（2）将异或门用作可控反相器。

在大规模可编程元器件的输出电路或在系统设计中，经常采用异或门作为可控反相器，这样可方便地控制输出（为原变量或反变量）。

由异或逻辑关系可知

$$Y = A \oplus B = \overline{A} \cdot B + A \cdot \overline{B}$$

当 $B=0$ 时

$$Y = A \oplus 0 = \overline{A} \cdot 0 + A \cdot \overline{0} = A$$

当 $B=1$ 时

$$Y = A \oplus 1 = \overline{A} \cdot 1 + A \cdot \overline{1} = \overline{A}$$

请在实验中加以验证。

6．实验报告内容

（1）整理实验结果，填入相应表格中，写出逻辑表达式。

（2）说明与非门对输入信号的控制作用。

（3）总结用异或门作为可控反相器的原理。

（4）回答思考题：若测试 74LS55 的全部数据，所列测试表应有多少种输入取值组合？为何实际测量时，只要输入 11 项数据，即可判断其逻辑功能是否正常？

*2.2　任务 2　集成逻辑门电路的参数测试

1．实验目的

（1）掌握 TTL 和 CMOS 与非门主要参数的意义及测试方法。

（2）熟悉 TTL 和 CMOS 门电路的使用注意事项，电源、闲置输入端及输出端的处理方法。

（3）进一步熟悉实验仪的基本功能和使用方法。

2．实验器材及工具（如表 2-6 所示）

表 2-6　实验器材及工具

名　　称	型号或规格	数　　量
实验仪	DLE-3	1 台
万用表	MF-500	2 只
4 输入二与非门（TTL）	74LS20	1 块
4 输入二与非门（CMOS）	CC4012	1 块
二极管	2CK11	4 只
电阻	360Ω	1 只
电位器	1.2kΩ	1 只
导线	Φ0.5～0.6mm 单芯硬导线	若干

3．实验说明

（1）使用万用表，必须先调好挡位再测量，否则易损坏万用表。图 2-2 中万用表圆圈内的内容为建议的挡位。若不清楚该选用哪个挡位，可以先调为较大挡位，再根据所测结果进行调整。

（2）注意正确识别二极管极性。识别方法有两种。

第一种方法为看外观，一般标黑圈的一边为负极。

第二种方法为用万用表测试。若为数字万用表，可调至二极管挡直接测试，导通状态下黑表笔所接为负极，红表笔所接为正极。若为指针式万用表，应选择电阻挡（Ω× 100 或 Ω×10 挡），导通状态下黑表笔所接为正极，红表笔所接为负极。

（3）注意：要利用多孔实验插座板上的插孔连接电阻和二极管，不要将引脚绞接。

（4）注意：信号源输入电压幅度不要高于 5V，以免损坏元器件。

4．实验预习要求

（1）复习 TTL 和 CMOS 与非门主要参数的意义及其典型值（参考表 1-1 和表 1-2）。

（2）熟悉 74LS20、CC4012 的引脚排列图。CMOS 元器件的 V_{DD} 为电源正极，本次实验接+5V 端；V_{SS} 为电源负极，本次实验接地。

（3）熟悉本次实验内容和步骤。

5．实验内容与步骤

1）与非门 74LS20（TTL）的静态参数测试

① 导通（低电平输出）电源电流 I_{CCL} 和截止（高电平输出）电源电流 I_{CCH}。与非门处于不同工作状态时电源提供的电流不同，通常 $I_{CCL}>I_{CCH}$，它们的大小标志着元器件静态功耗的大小。元器件的最大功耗为 $P_{CCL}=V_{CC}\times I_{CCL}$。元器件产品手册中提供的电源电流和功耗值是指整个元器件总的电源电流和总的功耗。测试电路如图 2-2 的（a）、（b）所示。

注意：74LS20 为 4 输入二与非门，两个门的输入端应进行相同处理。

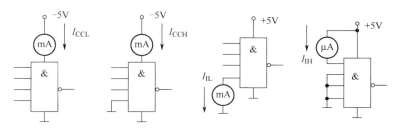

图 2-2　测试 ICCL、ICCH、IIL 和 IIH 的电路

② 低电平输入电流 I_{IL} 和高电平输入电流 I_{IH}。对于每一个门和每一个输入端都应将这两个电流值测试一次。由于 I_{IH} 较小，如果用万用表量程最小挡也难以测量，也可不测试。测试电路如图 2-2（c）和（d）所示。

③ 电压传输特性。调节电位器 R_w，使 u_I 从 0V 向 5V 变化，逐点测试 u_I 和 u_O，将结果记录入表 2-7 中。根据实测数据绘制电压传输特性曲线，从曲线上得出 U_{OH}、U_{OL}、U_{ON}、U_{OFF}、U_{TH} 等值，并计算 U_{NL}、U_{NH}。

表 2-7　电压传输特性

u_I/V	0				1.1						5
u_O/V											

提示：在 u_O 变化较快的区域应多测几点，在电压变化缓慢的区域可适当少测几点，有利于更加准确地绘制曲线。测试电路如图 2-3（a）所示。

2）4 输入二与非门 CC4012（CMOS）的静态参数测试

将 CC4012 正确插入多孔实验插座板，测电压传输特性。测试电路如图 2-3（b）所示，方法同上。将结果记录入表 2-8 中。根据实测数据绘制电压传输特性曲线，从曲线上得出 U_{OH}、U_{OL}、U_{ON}、U_{OFF}、U_{TH} 等值，并计算 U_{NL}、U_{NH}。思考：若将 3 个多余输入端悬空再测试一次，结果正确吗？

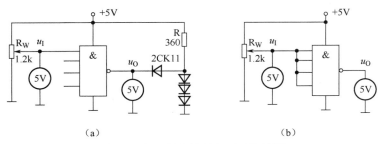

图 2-3   电压传输特性的测试接线图

表 2-8   电压传输特性

u_I/V	0				2.5					5
u_O/V										

6. 实验报告要求

（1）列表整理出各参数的测试值，并与规范值相比较，判断所测电路性能的好坏。

（2）画出两条电压传输特性曲线，从曲线中读出各有关参数值。比较 TTL 与 CMOS 门电路电压传输特性曲线的异同。

（3）思考题：

① 试说明图 2-3（a）的测试原理，并回答：为何要加二极管？输出低电平时等效为加上了负载，为何要加负载？图中的电阻 R 选用阻值为 360Ω 的是什么道理？若 R 阻值很小会产生什么现象？

② TTL 与非门输入端悬空为什么可以当作输入为"1"？CMOS 与非门多余输入端可以悬空吗？

③ 讨论 TTL 或非门闲置输入端的处置方法。

④ 实验中所得 I_{CCL} 和 I_{CCH} 为整个元器件的总测量值，试计算单个门电路的 I_{CCL} 和 I_{CCH}。

⑤ CC4012 的电源电压范围为 3～18V，若 V_{DD}=15V，则其 U_{OH}、U_{OL}、U_{TH} 应为多少？请查阅表 1-2 解答。

2.3   任务3   集成门电路构成组合逻辑电路的实验分析

1. 实验目的

（1）掌握组合逻辑电路的实验分析方法。

（2）验证半加器、全加器的逻辑功能。

2．实验器材及工具（如表 2-9 所示）

表 2-9　实验器材及工具

名　　称	型号或规格	数　　量
实验仪	DLE-3	1 台
万用表	MF-500	1 只
2 输入四与非门（TTL）	74LS00	1 块
4 输入二与非门（TTL）	74LS20	1 块
与或非门（TTL）	74LS55	1 块
异或门（TTL）	74LS86	1 块
导线	∅0.5～0.6mm 单芯硬导线	若干

3．实验说明

注意按图接线，千万不要将两个门电路的输出端误接在一起，因为普通 TTL 门电路的输出端为推拉式结构，若两个门电路的输出端连在一起，可能因产生大电流而损坏元器件。

4．实验预习要求

（1）复习半加器、全加器的逻辑功能和组合逻辑电路的特点。

（2）熟悉 74LS00、74LS20、74LS55、74LS86 的引脚排列图。

（3）熟悉本次实验内容和步骤。

5．实验内容与步骤

（1）测试图 2-4（a）电路 1 的逻辑功能。

按图 2-4（a）接线。按表 2-10 输入信号，测出相应的输出逻辑电平，并填入表中。分析电路的逻辑功能，写出逻辑表达式。图中根据集成电路的引脚排列图，标出了各输入输出端的引脚排列序号，方法参见 1.3.5 节的内容。

（2）测试图 2-4（b）电路 2 的逻辑功能。

按图 2-4（b）接线。按表 2-10 输入信号，测出相应的输出逻辑电平，并填入表中。分析电路的逻辑功能，写出逻辑表达式。请读者在图中标出所用集成芯片的序号和相应的引脚排列序号。

（3）测试图 2-4（c）电路 3 的逻辑功能。

按图 2-4（c）接线。按表 2-11 输入信号，测出相应的输出逻辑电平，并填入表中。分析电路的逻辑功能，写出逻辑表达式。请读者在电路图中标出所用集成芯片的型号、序号和相应的引脚排列序号。

表 2-10　电路 1 和电路 2 的真值表

A	B	Y	Z	S_n	C_n
0	0				
0	1				
1	0				
1	1				

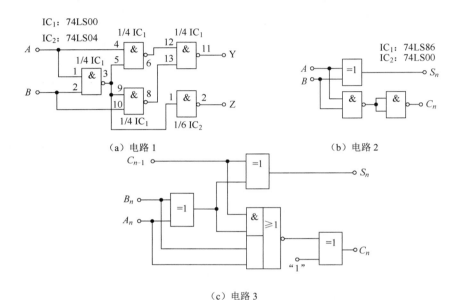

（a）电路 1　　　　　　　　　　　　（b）电路 2

（c）电路 3

图 2-4　集成门电路构成的组合逻辑电路

表 2-11　电路 3 真值表

A_n	B_n	C_{n-1}	S_n	C_n
0	0	0		
0	0	1		
0	1	0		
0	1	1		
1	0	0		
1	0	1		
1	1	0		
1	1	1		

6．实验报告内容

（1）整理实验结果，填入相应表格中，写出逻辑表达式，并分析各电路的逻辑功能。

（2）总结用实验来分析组合逻辑电路功能的方法。

2.4   任务4   MSI 译码器的检测与应用

1. 实验目的

（1）掌握 MSI 译码器的实验分析方法。

（2）熟悉中规模集成电路芯片 74LS138 的应用。

2. 实验器材及工具（如表 2-12 所示）

表 2-12   实验器材及工具

名　　称	型号或规格	数　　量
实验仪	DLE-3	1 台
万用表	MF-500	1 只
4 输入二与非门（TTL）	74LS20	1 块
3-8 线译码器（TTL）	74LS138	1 块
导线	$\varPhi0.5\sim0.6mm$ 单芯硬导线	若干

3. 实验预习要求

（1）复习变量译码器的逻辑功能和用 74LS138 实现组合逻辑电路的方法。

（2）熟悉 74LS20、74LS138 的引脚排列图。

（3）熟悉本次实验内容和步骤，写出预习报告。

4. 实验内容与步骤

（1）利用实验仪测试 74LS138 的逻辑功能。

按图 2-5（a）接线。图中根据集成电路的引脚排列图，标出了各输入输出端的引脚排列序号，并且画出了电源线和地线。一般的实验电路图不画电源线和地线，接线时须注意连接。

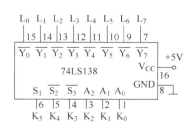

（a）逻辑功能测试电路　　　　　（b）应用电路

图 2-5   74LS138 的实验电路图

按表 2-13 输入信号，测出相应的输出逻辑电平，并填入表中。表格中的符号"×"表示无关项，测试中可拨动对应的逻辑电平开关，使其分别输入"0"和"1"，此时输出结果应与该输入端状态的改变无关。分析电路的逻辑功能，写出逻辑表达式。

表 2-13　74LS138 的功能表

输　　入		输　　出	
$\overline{S_1}$ $\overline{S_2}$ $\overline{S_3}$	A_2 A_1 A_0	$\overline{Y_0}$ $\overline{Y_1}$ $\overline{Y_0}$ $\overline{Y_2}$ $\overline{Y_4}$ $\overline{Y_5}$ $\overline{Y_6}$ $\overline{Y_7}$	
× 0 1	× × ×		
× 1 0	× × ×		
× 1 1	× × ×		
0 × ×	× × ×		
1 0 0	0 0 0		
1 0 0	0 0 1		
1 0 0	0 1 0		
1 0 0	0 1 1		
1 0 0	1 0 0		
1 0 0	1 0 1		
1 0 0	1 1 0		
1 0 0	1 1 1		

（2）分析用 74LS138 及门电路实现的组合逻辑电路的功能。

按图 2-5（b）接线。按表 2-14 输入信号，测出相应的输出逻辑电平，并填入表中，得到该电路的真值表。分析电路的逻辑功能，写出逻辑表达式。

表 2-14　用 74LS138 及门电路实现的组合逻辑电路的真值表

A	B	C	Y	Y（S_1 端接地）
0	0	0		
0	0	1		
0	1	0		
0	1	1		
1	0	0		
1	0	1		
1	1	0		
1	1	1		

若 S_1 端接地，会怎样？请测试并将结果填入表中。

*（3）用 74LS138 及门电路实现一位全加器，请设计、连接并测试电路。

注：电路图、实验步骤、测试表格请自行拟定。

5．实验报告内容

（1）整理实验测试结果，说明 74LS138 的功能，写出逻辑表达式。

（2）整理实验测试结果，说明 74LS138 及门电路实现的组合逻辑电路的功能，写出逻辑表达式，并回答：若 S_1 端接地，结果如何？

（3）说明用 74LS138 实现组合逻辑电路的方法。

（4）思考题：

① 74LS138 的输出方式是什么？即"译中"为什么电平？

② 试说明 S_1、$\overline{S_2}$、$\overline{S_3}$ 输入端的作用。

2.5 任务5 MSI 数据选择器的检测与应用

1．实验目的

（1）掌握 MSI 数据选择器的实验分析方法。

（2）了解中规模集成芯片 74LS151（8 选 1 数据选择器）的应用。

2．实验器材及工具（如表 2-15 所示）

表 2-15　实验器材及工具

名　　称	型号或规格	数　　量
实验仪	DLE-3	1 台
万用表	MF-500	1 只
2 输入四与非门（TTL）	74LS00	1 块
六反相器（TTL）	74LS04	1 块
4 输入二与非门（TTL）	74LS20	1 块
8 选 1 数据选择器（TTL）	74LS151	1 块
上拉电阻	820Ω～12kΩ	1 块
导线	Φ0.5～0.6mm 单芯硬导线	若干

3．实验预习要求

（1）复习数据选择器的逻辑功能和用数据选择器实现组合逻辑电路的方法。

（2）熟悉 74LS00、74LS04、74LS20、74LS151 的引脚排列图。

（3）熟悉本次实验内容和步骤，按要求进行电路设计，写出预习报告。

4．实验内容与步骤

（1）利用实验仪测试 74LS151 的逻辑功能，并记录实验数据。请在预习时自行拟出实验步骤，列出表述其功能的功能表（要包括所有输入端的功能）。

（2）交通灯含有红、黄、绿三只单色灯。当只有其中一只亮时为正常状态，其余状态均为故障状态。试设计一个交通灯故障报警电路。要求用 74LS151 及门电路实现，设计出实验电路图，拟出实验步骤，接线并检查电路的逻辑功能，列出表述其功能的真值表，记录实验数据。

*（3）有一电子密码锁，锁上有 4 个按钮 A、B、C、D，当按下 AD 或 AC 或 BD 时，再插入钥匙，锁即打开。若按错了按钮，当插入钥匙时，锁打不开，并发出报警信号。要求用 74LS151 及门电路实现，设计出实验电路图，拟出实验步骤，接线并检查电路的逻辑功能，列出表述其功能的真值表，记录实验数据。

5．实验报告内容

（1）列出具体实验步骤，整理实验测试结果，说明 8 选 1 数据选择器 74LS151 的功能。

（2）列出具体实验步骤，画出用 74LS151 及门电路构成的实验电路图，列出真值表，求出逻辑表达式。

*2.6 任务6 XJ4328型双踪示波器的使用

1．实验目的

（1）熟悉双踪示波器（XJ4328）的基本工作原理和使用方法。
（2）学会用双踪示波器测量脉冲波形的幅度、周期、脉冲宽度等参数。

2．实验器材及工具（如表 2-16 所示）

表 2-16 实验器材及工具

名　　称	型号或规格	数　　量
实验仪	DLE-3	1 台
万用表	MF-500	1 只
双踪示波器	XJ4328	1 台
导线、探头		若干

3．预习要求

（1）熟悉 XJ4328 双踪示波器的使用方法，详细阅读附录 B 相关内容。

（2）复习方波脉冲波形的幅度、周期、脉冲宽度等参数的概念及测试方法。

（3）熟悉本次实验内容和步骤。

4．实验内容与步骤

1）双踪示波器的调整

（1）时基线的调节。将各控制开关按表 2-17 的要求置位，接通电源，寻找扫描线。

表 2-17　各控制开关的设置要求

开关、旋钮名称	位　置	开关、旋钮名称	位　置
INTEN（辉度）	中间	LEVEL（电平）	中间
FOCUS（聚焦）	中间	VERTICAL MODE（显示方式）	CH1
垂直方向位移	中间	MODE（触发方式）：自动/常态	自动
水平方向位移	中间	MODE（触发方式）：时基/X-Y	时基
PULL×10 水平扩展	推入	TRIGGER（触发极性）：+/-	+
⊥、AC、DC（输入方式）	⊥	TRIGGER（触发源）：内/外	INT 内、CH1

如果看到光点或扫描线，可调整"INTEN"（辉度）使光点或扫描线的亮度适当。如果找不到光点或扫描线，调节水平位移或垂直位移，把光点或扫描线移至荧光屏的中心位置。

若光点很大或扫描线很粗，可进一步调节 FOCUS（聚焦）旋钮，使光点变小或扫描线变细，以提高清晰度。

（2）将扫描速度开关"t/DIV"依次拨至 0.2s/DIV 挡和 0.5μs/DIV 挡，观察荧光屏上光点扫描的情况，并回答问题：两者的光点轨迹有何分别？

2）单踪显示、观察示波器校准信号

在上述调整的基础上，将探头调至"×10"挡，从 CH1 输入端加入频率为 1kHz，幅度为 0.2V 的校准信号。将 CH1 输入耦合开关置于"AC"位置，分别将"V/DIV""t/DIV"设置为"50mV""1ms"，并把"VARIABLE"（微调）旋钮转至"CAL"（校准）位置。此时屏幕上将显示幅度为 4 格、周期为 1 格的方波。

（1）当触发极性开关拨至"+"和"-"时，分别观察所显示的波形各是从什么边沿开始扫描的，调节"LEVEL"旋钮，观察波形有何变化，观察后，将触发极性开关恢复至原位（"+"）。

（2）把触发方式开关置于"NORM"（常态），调节"LEVEL"旋钮，观察该旋钮对显示波形有何影响，观察后，将触发方式开关恢复至原位（"AUTO"）。

（3）将探头调至"×1"挡，观察此时波形的显示情况，调节"V/DIV，使波形能正常显示，观察后，将探头恢复至原位（"×10"挡）。

（4）将"PULL×10"水平扩展开关拉出，观察此时波形的显示情况，调节"t/DIV"，使波形能正常显示，观察后，将水平扩展开关恢复至原位（按下状态）。

（5）将"t/DIV"和"V/DIV"开关置于校准位置，测量并记录被测波形的高电平、低电平、周期和脉宽。

3）以单踪方式观测实验仪中高频连续脉冲的波形

测量并记录被测波形（方波）的高电平、低电平、周期和脉宽的变化范围。

5．实验报告要求

（1）记录实验中观察到的现象、波形并将有关参数标在图上。

（2）讨论触发极性开关和 LEVEL 旋钮对波形显示的作用。

（3）回答思考题：

① 测量电压时，为何要将开关"V/DIV"的"微调"旋至"校准"？测量时间时，为何要将开关"t/DIV"的"微调"旋至"校准"？

② 若要正常显示一个频率为 10kHz、$V_{\text{P-P}}$ 为 20mV 的正弦波信号，探头选择"×10"挡，请预先估计灵敏度开关"V/DIV"和扫描速度开关"t/DIV"的合理挡位。

③ 请说明如何测量方波的高电平和低电平。

2.7　任务 7　触发器的功能分析

1．实验目的

（1）学会测试触发器逻辑功能的方法。

（2）进一步熟悉 RS 触发器、集成 JK 触发器和 D 触发器的逻辑功能及触发方式。

（3）熟悉实验仪中单脉冲和连续脉冲发生器的使用方法，参见附录 A。

（4）学会用示波器观察两路数字信号波形的方法。

2．实验器材及工具（如表 2-18 所示）

表 2-18　实验器材及工具

名　称	型号或规格	数　量
实验仪	DLE-3	1 台
万用表	MF-500	1 只
双踪示波器	XJ4328	1 台

续表

名　　称	型号或规格	数　量
2 输入四与非门（TTL）	74LS00	1 块
D 触发器（TTL）	74LS74	1 块
集成 JK 触发器（TTL）	74LS76 或 74LS112	1 块
导线	Φ0.5～0.6mm 单芯硬导线	若干

3．实验说明

74 系列产品抗干扰能力很差，不用的输入控制端不可悬空，要接固定高电平。可通过一个几千欧的电阻接 5V 电源，也可利用实验仪上的逻辑电平开关。

4．预习要求

（1）熟悉 XJ4328 双踪示波器的使用方法，详细阅读附录 B 相关内容，特别是如何用双踪示波器按时间对应关系同时显示两个信号。

（2）熟悉实验仪中单脉冲和连续脉冲发生器的使用方法，参见附录 A。

（3）复习 RS 触发器、集成 JK 触发器和 D 触发器的逻辑功能及触发方式。

（4）熟悉 74LS00、74LS74、74LS76 的引脚排列图。

（5）熟悉本次实验内容和步骤。

5．实验内容与步骤

（1）测试基本 RS 触发器逻辑功能。

利用实验仪测试由与非门组成的基本 RS 触发器的逻辑功能，将测试结果记录在表 2-19 中。

表 2-19　基本 RS 触发器逻辑功能测试表

步　　骤	$\overline{R}$	$\overline{S}$	Q	$\overline{Q}$	功　　能
1	0	0			
2	0	1			
3	1	1			
4	1	0			
5	1	1			

（2）测试集成 JK 触发器（74LS76）逻辑功能。

① 直接置 0 和置 1 端的功能测试。按表 2-20 的要求改变 $\overline{S_D}$ 和 $\overline{R_D}$（J、K 及 CP 处于任意状态），在 $\overline{S_D}$ =0 或 $\overline{R_D}$ =0 期间任意改变 J、K 及 CP 的状态，观察上述改变对结果有无影响；观察并记录 Q 和 $\overline{Q}$ 的状态。

注意：在执行步骤 5、6 时，要将 $\overline{R_D}$、$\overline{S_D}$ 接同一个逻辑电平开关，以使两个输入端的状态同时改变。

表 2-20　JK 触发器直接置 0 和置 1 端的功能测试

步　骤	CP	J	K	$\overline{S_D}$	$\overline{R_D}$	$Q^n=0$		$Q^n=1$	
						Q^{n+1}	$\overline{Q^{n+1}}$	Q^{n+1}	$\overline{Q^{n+1}}$
0				1	1	0	1	1	0
1				1	1→0				
2				1	0→1				
3	×	×	×	1→0	1				
4				0→1	1				
5				1→0	1→0				
6				0→1	0→1				

② JK 触发器逻辑功能的测试。按表 2-21 测试并记录 JK 触发器的逻辑功能（表中 CP 信号可接实验仪操作板上的单次脉冲发生器 P$\sqcap$端，手按下产生 0→1 上升沿，手松开产生 1→0 下降沿）。

表 2-21　JK 触发器逻辑功能的测试

步　骤	$\overline{R_D}$	$\overline{S_D}$	J	K	CP	Q^{n+1}	
						$Q^n=0$	$Q^n=1$
1			0	0	0→1		
2					1→0		
3			0	1	0→1		
4					1→0		
5	1	1	1	0	0→1		
6					1→0		
7			1	1	0→1		
8					1→0		

③ JK 触发器计数功能测试。使 JK 触发器处于计数状态（$J=K=1$，$\overline{R_D}=\overline{S_D}=1$），CP 信号由实验仪操作板中的连续脉冲（方波）发生器提供，可分别用低频（$f=2\sim20\text{Hz}$）和高频（$f=2\sim20\text{kHz}$）两挡进行输入，同时用实验仪上的 LED 电平显示器和 XJ4328 双踪示波器观察工作情况，记入表 2-22。高频输入时，记录 CP 与 Q 的工作波形，并回答：Q 状态更新发生在 CP 的哪个边沿？Q 和 CP 信号的周期有何关系？若 $\overline{R_D}=0$ 会怎样？

表 2-22　JK 触发器计数功能测试

	LED 显示器工作情况	示波器工作情况
低频		
高频		

（3）测试集成芯片 74LS74（D 触发器）逻辑功能。

① D 触发器逻辑功能的测试。按表 2-23 测试并记录 D 触发器的逻辑功能（表中 CP 信号由实验仪操作板上的单次脉冲发生器 P+提供）。

② D 触发器计数功能测试。使触发器处于计数状态（$D=\overline{Q}$，$\overline{S_\mathrm{D}}=\overline{R_\mathrm{D}}=1$）。CP 信号由实验仪中的连续脉冲发生器（方波）提供，可分别用低频和高频两挡，分别用实验仪上的 LED 电平显示器和 XJ4328 双踪示波器观察 D 触发器工作情况，记录 CP 与 Q 的工作波形，并回答：Q 状态更新发生在 CP 的哪个边沿？Q 和 CP 信号的周期有何关系？若 $\overline{S_\mathrm{D}}=0$ 会怎样？

表 2-23　D 触发器逻辑功能的测试

步　骤	$\overline{R_\mathrm{D}}$	$\overline{S_\mathrm{D}}$	D	CP	Q^{n+1}	
					$Q^n=0$	$Q^n=1$
1			0	$0\rightarrow1$		
2	1	1		$1\rightarrow0$		
3			1	$0\rightarrow1$		
4				$1\rightarrow0$		

6．实验报告内容

（1）画出实验测试电路，整理实验测试结果并将其列入表中，回答书中问题，画出工作波形图。

（2）比较各种触发器的逻辑功能及触发方式。

（3）回答问题：

① 将带直接置 0/1 端的 JK 触发器输出置为 0 有哪几种方法？

② 将带直接置 0/1 端的 D 触发器输出置为 1 有哪几种方法？

2.8　任务 8　用触发器构成计数器

1．实验目的

（1）学习测试计数器逻辑功能的方法。

（2）熟悉 SSI 计数器（异步三位二进制加/减法及十进制加法）的逻辑功能。

（3）进一步熟悉用示波器观察多路数字信号波形的方法。

2．实验器材及工具（如表 2-24 所示）

表 2-24　实验器材及工具

名　称	型号或规格	数　量
实验仪	DLE-3	1 台
万用表	MF-500	1 只
双踪示波器	XJ4328	1 台
2 输入四与非门（TTL）	74LS00	1 块
双 JK 触发器（TTL）	74LS76 或 74LS112	2 块
导线	$\Phi 0.5\sim 0.6mm$ 单芯硬导线	若干

3．预习要求

（1）熟悉 SSI 计数器（异步三位二进制加/减法及十进制加法）的逻辑功能。

（2）熟悉 74LS00、74LS76 的引脚排列图。

（3）熟悉本次实验内容和步骤。按要求设计出异步三位二进制减法计数器的电路图。

4．实验内容和步骤

（1）异步二进制加法计数器。

① 按图 2-6 接线，组成一个异步三位二进制加法计数器，CP 信号可利用实验仪上的单次脉冲发生器或低频连续脉冲（方波）发生器获得，清零信号 $\overline{R_D}$ 由逻辑电平开关控制，计数器的输出信号端接 LED 电平显示器，按表 2-25 进行测试并记录结果。若 CP 信号线接逻辑电平开关，利用手拨动开关产生 0 和 1，结果会怎样？为什么？

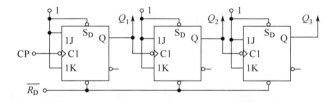

图 2-6　异步三位二进制加法计数器

② 在 CP 端加高频连续脉冲（方波），用示波器观察各触发器输出端的波形，并按时间对应关系画出 CP、Q_1、Q_2、Q_3 的波形。

（2）异步三位二进制减法计数器。

在预习时画出用 JK 触发器构成的异步三位二进制减法计数器的逻辑电路图，按图接线，然后按步骤（1）所述内容进行测试。结果记录入表 2-26。

表 2-25　异步三位二进制加法计数器

$\overline{R_D}$	CP	Q_3	Q_2	Q_1	代表十进制数
0	×				
1	0	0	0	0	0
	1				
	2				
	3				
	4				
	5				
	6				
	7				
	8				

表 2-26　异步三位二进制减法计数器

$\overline{R_D}$	CP	Q_3	Q_2	Q_1	代表十进制数
0	×				
1	0	0	0	0	0
	1				
	2				
	3				
	4				
	5				
	6				
	7				
	8				

（3）异步十进制加法计数器。

① 按图 2-7 接线，利用反馈归零法实现一个异步十进制加法计数器，CP 信号可利用实验仪上的单次脉冲或低频连续脉冲发生器（方波）获得，各触发器的输出端及进位输出端分别接到 LED 电平显示插孔，按表 2-27 进行测试并记录结果。

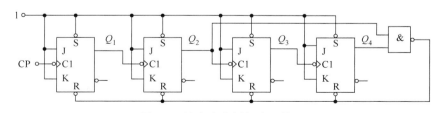

图 2-7　异步十进制加法计数器

② 在 CP 端加高频连续脉冲（方波），用示波器观察各触发器输出端的波形，并按时间对应关系画出 CP、Q_1、Q_2、Q_3、Q_4 的波形。

表 2-27 异步十进制加法计数器

$\overline{R_D}$	CP	Q_4	Q_3	Q_2	Q_1	代表十进制数
0	×					
1	0	0	0	0	0	0
	1					
	2					
	3					
	4					
	5					
	6					
	7					
	8					
	9					
	10					

5. 实验报告要求

（1）画出实验电路，整理实验测试结果并列表说明，回答所提问题，画出工作波形图。

（2）说明计数器对 CP 信号的要求。实验仪中哪些信号可以作为计数器的 CP 信号？

（3）说明异步多位二进制加法及减法计数器的设计思想（即实现的方法）。

2.9 任务 9 MSI 计数器的应用

1. 实验目的

（1）熟悉中规模集成电路 74LS161（计数器）的功能及应用。

（2）进一步熟悉实验仪的译码显示功能（参见附录 A）。

2. 实验器材及工具（如表 2-28 所示）

表 2-28 实验器材及工具

名 称	型号或规格	数 量
实验仪	DLE-3	1 台
万用表	MF-500	1 只
2 输入四与非门（TTL）	74LS00	1 块
4 输入二与非门（TTL）	74LS20	1 块
同步十六进制计数器（TTL）	74LS161	2 块
导线	$\Phi0.5\sim0.6$mm 单芯硬导线	若干

3．实验预习要求

（1）复习 MSI 计数器 74LS161 的功能及应用。

（2）熟悉 74LS00、74LS20、74LS161 的引脚排列图。

（3）熟悉本次实验内容和步骤，按要求设计出 4 个计数器的电路图和计数状态顺序表。

4．实验内容与步骤

（1）分析用 74LS161 及门电路实现的十进制计数器电路：

分别按图 2-8（a）～（d）接线，CP 信号利用实验仪上的单次脉冲发生器或低频连续脉冲发生器（方波）获得，计数器的输出信号端 $Q_3 \sim Q_0$ 可接至实验仪上的 LED 逻辑电平显示插孔，也可接至实验仪上的译码显示器相应输入端。分别按表 2-29 进行测试并记录结果。

① 分析电路 1：用异步清零端 $\overline{CR}$ 实现的十进制计数器。

② 分析电路 2：用同步置数端 $\overline{LD}$ 实现的十进制计数器，该计数器从 0000 开始计数。

③ 分析电路 3：用进位输出端 CO 和同步置数端 $\overline{LD}$ 实现的十进制计数器，该计数器计数到 1111 后结束计数。

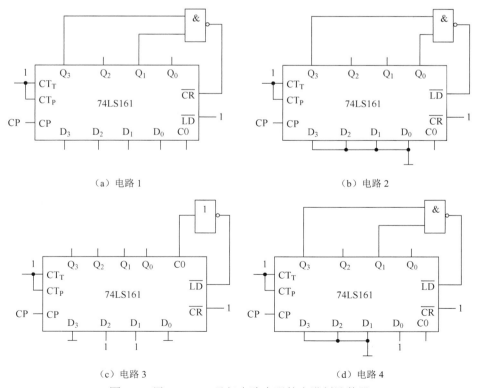

（a）电路 1　　　　　　　　　　　　　　（b）电路 2

（c）电路 3　　　　　　　　　　　　　　（d）电路 4

图 2-8　用 74LS161 及门电路实现的十进制计数器

④ 分析电路4：用同步置数端 $\overline{\text{LD}}$ 实现十进制计数器，计数器从状态 0001 开始。

表 2-29　十进制计数器的计数状态顺序表

CP	Q_3	Q_2	Q_1	Q_0	代表十进制数
0					
1					
2					
3					
4					
5					
6					
7					
8					
9					
10					

（2）将以上 4 个十进制计数器的电路稍加修改，使之变为十二进制计数器。其中，特别要求电路 4 从状态 0011 开始计数。分别画出原理电路图，测试并记录其计数状态顺序，方法同上。

*（3）试用两块 74LS161 实现二十四进制同步加法计数器（输出 8421BCD 码），设计出实验电路图，安装并观察计数器的功能。建议将计数器的输出信号端 $Q_3 \sim Q_0$ 接至实验仪上的译码显示器相应输入端。

5. 实验报告内容

（1）整理实验测试结果，分别列出实现十进制计数器的 4 种电路所对应的计数状态顺序表。

（2）分别画出用 4 种方法实现的十二进制计数器的原理电路图，整理实验测试结果，分别列出其计数状态顺序表。

*（3）画出二十四进制同步加法计数器（输出 8421BCD 码）的实验电路图。说明在同步计数器级联时，实现同步计数的设计思想。

（4）回答问题：

① 74LS161 的清零端和置数端的工作情况有何不同？

② 若要求计数器具有暂时停止计数，过一段时间再继续计数的功能，有哪几种方法可以实现？

③ 总结用 74LS161 实现二进制至十六进制中任意进制的计数器的方法。

2.10　任务 10　计数、译码、显示功能的综合应用

1. 实验目的

（1）熟悉中规模集成电路芯片 74LS90（计数器）的逻辑功能及应用及异步多位计数器级联的方法。

（2）熟悉中规模集成电路芯片 CC4511（显示译码器）的逻辑功能及应用。

（3）熟悉共阴型 LED 数码管及其驱动电路的工作原理。

（4）初步学会综合安装调试的方法。

2. 实验器材及工具（如表 2-30 所示）

表 2-30　实验器材及工具

名　　称	型号或规格	数　　量
实验仪	DLE-3	1 台
万用表	MF-500	1 只
异步十进制计数器（TTL）	74LS90	2 块
显示译码器（TTL 或 CMOS）	CC4511 或 74LS249	2 块
LED 数码管	共阴型	1 块
导线	$\Phi 0.5 \sim 0.6$mm 单芯硬导线	若干

3. 实验预习要求

（1）复习 MSI 计数器 74LS90 的逻辑功能及应用及多位异步计数器级联的方法。

（2）复习 MSI 显示译码器 CC4511 或 74LS249 的逻辑功能及应用。

（3）熟悉 74LS90、CC4511 或 74LS249 的引脚排列图。

（4）熟悉本次实验内容和步骤。按要求设计出六十进制计数、译码、显示器的电路图。

4. 实验内容与步骤

（1）用集成计数器 74LS90 分别组成 8421BCD 码十进制和六进制计数器，然后连接成一个六十进制计数器（六进制为高位、十进制为低位），其中十进制计数器用实验仪上的 LED 译码显示电路显示（注意高低位顺序及最高位的处理），六进制计数器由自行设计、安装的译码器、数码管电路显示，这样组成一个六十进制的计数、译码、显示电路。给出六进制和十进制计数器电路图（图 2-9）及两种显示译码电路（图 2-10）供参考。

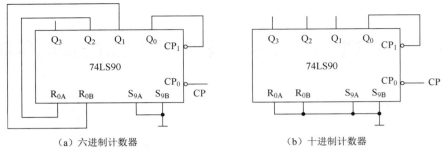

（a）六进制计数器　　　　　　　　　（b）十进制计数器

图 2-9　计数器电路图

（2）用实验仪输出的低频连续脉冲（方波）信号作为计数器的计数脉冲信号，通过数码管观察计数、译码、显示电路的功能是否正确。

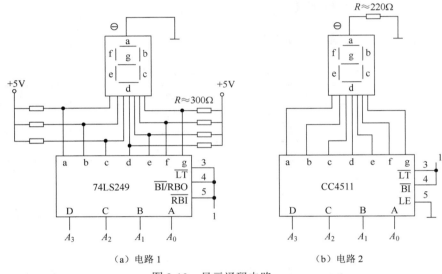

（a）电路 1　　　　　　　　　　　　（b）电路 2

图 2-10　显示译码电路

建议： 由于电路较复杂，应分单元对电路进行安装调试，即安装完每一片集成电路芯片后，先测试其功能是否正确，确定正确后再与其他电路相连。

5. 实验报告内容

（1）画出六十进制计数、译码、显示电路的逻辑电路图。说明异步多位计数器级联的方法。

（2）说明实验步骤。

（3）简要说明数码管自动计数显示的情况（可列省略中间某些计数状态的计数状态顺序表说明）。

（4）根据实验中的体会，说明综合安装、调试较复杂中小规模数字集成电路的方法。

（5）回答问题：

① 共阴、共阳型 LED 数码管应分别配用何种输出方式的译码器？

② 该如何确定数码管驱动电路中的限流电阻值？

③ 如果六十进制计数器采用高位接十进制计数器、低位接六进制计数器的方式，计数顺序又如何？可列出省略中间某些状态的计数状态顺序表加以说明。

2.11　任务 11　555 时基电路

1．实验目的

（1）熟悉 555 时基电路逻辑功能的测试方法。

（2）熟悉 555 时基电路的工作原理及应用。

2．实验器材及工具（如表 2-31 所示）

表 2-31　实验器材及工具

名　　称	型号或规格	数　　量
实验仪	DLE-3	1 台
万用表	MF-500	1 只
555 定时器	NE555	1 块
电阻、电容、电位器		若干
导线	Φ0.5～0.6mm 单芯硬导线	若干

3．实验预习要求

（1）复习 555 定时器的功能及应用。

（2）熟悉 555 定时器的引脚排列图。

（3）熟悉本次实验内容和步骤。按要求设计出多谐振荡器的电路图。

4．实验内容与步骤

（1）测试 555 定时器的功能。按图 2-11 连接实验电路，输出端和放电端接逻辑电平 LED 显示器，V_{CC} 端接+5V 电源，将结果填入表 2-32。

（2）测试 TH 端和 $\overline{TR}$ 端的转换电压，并将结果填入表 2-33。

（3）用 555 时基电路设计一个多谐振荡器，要求输出频率为 1kHz 的矩形波。

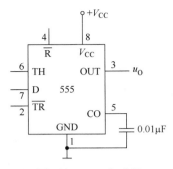

图 2-11　555 定时器

表 2-32　实验记录 1

TH	$\overline{TR}$	$\overline{R}$	OUT	放电管状态（导通/截止）
×	×	0		

表 2-33　实验记录 2

步　骤	$\overline{TR}$	TH	$\overline{R}$	Q^n	Q^{n+1}	转　换　电　压
0	$> \frac{1}{3} V_{CC}$	$< \frac{2}{3} V_{CC}$	$0 \rightarrow 1$	×	0	×
1	$\rightarrow < \frac{1}{3} V_{CC}$	$< \frac{2}{3} V_{CC}$		0		
2	$\rightarrow > \frac{1}{3} V_{CC}$					
3	$> \frac{1}{3} V_{CC}$	$\rightarrow > \frac{2}{3} V_{CC}$	1			
4		$\rightarrow < \frac{2}{3} V_{CC}$				
5	$> \frac{1}{3} V_{CC}$	$\rightarrow > \frac{2}{3} V_{CC}$				
6	$\rightarrow < \frac{1}{3} V_{CC}$	$> \frac{2}{3} V_{CC}$				

5．实验报告内容

（1）画出电路图。分析结果，总结 555 时基电路的逻辑功能。

（2）说明实验步骤。

（3）思考题：

① 555 时基电路的 TH、TR 端分别采用什么触发方式？

② 555 时基电路中，CO 端的作用是什么？

③ 计算参数 f，画出多谐振荡器的输出波形。

④ 若图 2-11 中电源电压改为 +12V，则表 2-22 中数据又如何？此时输出端（OUT）的电平如何？

*2.12 任务 12 A/D 转换和 D/A 转换及其应用

1. 实验目的

（1）熟悉 A/D 转换和 D/A 转换的工作原理和常用转换元器件 ADC0804、DAC0832 的使用方法。

（2）用 ADC0804、DAC0832 和 µA741 实现 A/D 转换、D/A 转换并用示波器观察正弦波的转换。

2. 实验器材及工具（如表 2-34 所示）

表 2-34 实验器材及工具

名　称	型号或规格	数　量
实验仪	DLE-3	1 台
万用表	MF-500	2 只
双踪示波器	XJ4328	1 台
模数转换器	ADC0804	1 块
数模转换器	DAC0832	1 块
集成运放	µA741	1 块
电位器	47kΩ	1 只
电阻	10kΩ	1 只
电容	10µF	1 只
电容	150pF	1 只
导线	Φ0.5～0.6mm 单芯硬导线	若干

3. 实验说明

（1）DAC0832 采用的是 T 形电阻网络，芯片中没有运算放大器，输出端为 I_{O1}、I_{O2}，在使用时需要外接运算放大器。

由于 DAC0832 中含有两个数据寄存器，从而有三种可供选择的工作方式：

① 双缓冲方式。

② 单缓冲方式。

③ 直通方式，即 $\overline{CS}$、$\overline{WR_1}$、$\overline{WR_2}$、$\overline{XFER}$ 接地，I_{LE} 端接高电平。

（2）ADC0804 是分辨率为 8 位的逐次逼近型 A/D 转换器，完成一次转换大约需要 100µs，输入电压为 0～5V，引出端 U_{REF} 是芯片内部电阻所用的基准电源电压，为芯片电源电压的 1/2，即 2.5V。如果要求基准电源电压的稳定度较高时，U_{REF} 端所接电压也可由外部稳定度较高的电源提供。$\overline{CS}$ 端接地，$\overline{RD}$、$\overline{WR}$ 端低电平有效，在 $\overline{WR}$ 收到上升沿后约 100μs 转换完成，中断请求信号端 $\overline{INTR}$ 的输出自动变为低电平；之后让 $\overline{RD}$ 为低电平，三态门打开，送出数字信号。在 $\overline{RD}$ 的上升沿出现后，$\overline{RD}$ 又自动变为高电平。

4．实验预习要求

（1）复习 A/D 转换和 D/A 转换的工作原理、主要技术指标。

（2）熟悉 ADC0804、DAC0832 的使用方法。

（3）熟悉 ADC0804、DAC0832 和 μA741 的引脚排列图。

（4）熟悉本次实验内容和步骤。

5．实验内容与步骤

（1）按图 2-12 接线，输入电压 U_i 在 0～5V 范围内变化，测试 ADC0804 的数字信号输出值 $D_0 \sim D_7$ 和 μA741 的模拟电压输出值 U_o，并在下方记录：

$D_0 \sim D_7 =$

$U_o =$

（2）将输入电压 U_i 的波形调整为幅度小于 2V 的正弦波，观察并记录 U_o 的波形。

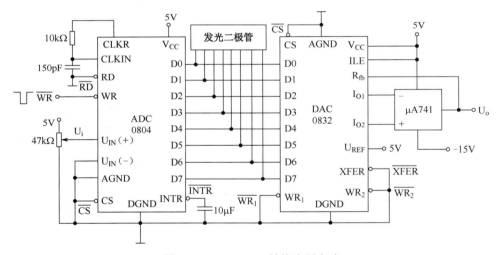

图 2-12　A/D、D/A 转换应用电路

6．实验报告要求

（1）整理实验测试结果，列表说明，根据 U_i 画 U_o 的波形。

（2）回答问题：

① 在本实验中，DAC0832 属于哪一种输入方式？

② 在本实验中，运算放大器如何进行零点调节和满刻度调节？

第3章　数字电路综合实训

内容提要：本章包含数字电路综合实训任务书、指导书及供实训时选用的课题库这三部分内容，介绍了数字电路综合实训的基本任务、基本要求、基本步骤、评价标准，数字电路设计方法、安装调试方法，综合实训报告的标准格式，排除故障训练与考核，以及综合实训课题等。

3.1　数字电路综合实训任务书

3.1.1　数字电路综合实训的基本目的

数字电路综合实训的基本任务是着重提高学生在数字集成电路应用方面的实践技能，通过严格的科学训练使学生逐步形成严肃认真、一丝不苟、实事求是的科学作风，培养学生综合运用理论知识解决实际问题的能力。学生通过电路设计、安装、调试、整理资料等环节，可初步掌握工程设计方法和组织实践的基本技能，逐步熟悉开展科学实践的程序和方法，初步形成对生产、经济和质量的认识。

3.1.2　数字电路综合实训的基本要求

通过综合实训各环节的实践，应使学生达到如下要求：

（1）初步掌握分析和设计数字电路的基本方法。包括：

① 根据设计任务和指标，初选电路。

② 通过查阅资料、设计计算，确定电路设计方案。

③ 选择测试元器件，安装电路，分步调试，并通过调试改进方案。

④ 分析实验结果，写出综合实训总结报告。

（2）形成独立分析问题、解决问题的能力。包括：

① 自己找出、分析、解决问题的方法。

② 对设计中遇到的问题，能独立思考，查阅资料，寻找答案。

③ 掌握测试电路的基本方法，对于实验中出现的故障，能通过"分析、观察、判断、

实验、再判断"的基本方法独立解决。

④ 能对实验结果进行分析和评价。

（3）掌握安装、布线、调试等基本技能，进一步熟悉常用仪器的正确使用方法。

（4）通过严格的科学训练和工程设计实践，树立严肃认真、一丝不苟、实事求是的科学作风；在问题面前不急不躁、心平气和、耐心处理；学习处理问题的技巧，有时冷处理，有时多个问题各个击破，培养良好的心理素质；初步形成对生产、经济和质量的认识及团结协作精神。

3.1.3　数字电路综合实训的基本步骤

（1）复习"数字电子技术"课程的相关知识。

（2）查找资料，对设计方案进行论证，确定设计方案，画出电路原理图。

（3）根据任务设计方案及电路原理图，确定元器件的型号及相关参数，列出元器件清单。

（4）按电路原理图安装元器件，并对电路进行调试。

（5）分小组进行故障排除测试。

（6）写出实训报告。

3.1.4　数字电路综合实训的评价标准

（1）考核学生的标准：

① 对于产品的质量的考核（从功能和工艺两个方面考核）。

② 对于电路设计能力、在产品调试中表现出的故障处理能力的考核。

③ 对于查阅资料、考勤及实训报告等方面的综合评定。

（2）评价采用优、良、中、及格、不及格5个等级：

① 优：预设计方案完整，项目设计过程中有创新之处或体现出对新知识有很好的掌握；实际制作的电路能够正常工作和使用；对于项目实施过程中出现的电路故障有记录，并给出了解决措施，总结内容丰富、体会深刻；考勤记录完整。

② 良：预设计方案完整，实际制作的电路能够正常工作和使用；对电路中各元器件均有正确的说明；口头答辩流畅，体现出对理论和实践均有较好的理解和掌握；考勤记录完整。

③ 中：对电路中主要元器件的作用能正确地说明；口头答辩中能正确回答大部分问题；实际制作的电路能够正常工作和使用；考勤记录完整。

④ 及格：按时完成各项任务；实际制作的电路能够正常工作和使用；实训报告内容完整、明确地体现了电路基本工作原理；考勤记录完整。

⑤ 不及格：实际制作的电路不能正常工作和使用；实训报告内容不完整，未达到合格要求；考勤记录不完整。

3.1.5 数字电路综合实训的课时安排

根据相关专业标准，完成一个综合实训课题要用 1～2 周（20～40 学时）时间，要求学生两人（最多不超过三人）一组独立设计，并实际动手完成安装、调试。建议时间安排如表 3-1 所示。

表 3-1 综合实训时间安排

项 目	课 时 主要内容	各专业学时分配（学时）	
		少学时	多学时
1	理论设计，确定预设计方案	4	6
2	查找资料，选元器件，设计电路	2	8
3	装配技巧、工艺要求与安全知识讲解	2	4
4	按电路设计方案安装电路并调试	8	14
5	电路验收及故障排除测试	2	6
6	撰写课程设计报告	2	2
合 计		20	40

（1）理论设计，确定预设计方案

由教师在教室集中指导进行，要求画出系统框图、各个单元逻辑电路图。

（2）查找资料、选元器件、设计电路

可以安排在图书馆查阅资料，并独立进行设计。要求画出总体逻辑电路图，列出所需元器件清单。学生设计电路时应参考实验室元器件库存。

在理论设计时，教师可将预设计的进度细分并及时检查和指导：主电路 2~4 学时、控制电路 2~4 学时，完成预设计实验文件 2 学时。

（3）装配技巧、工艺要求与安全知识讲解

在实验室进行装配调试之前，需要由教师讲解具体的工艺要求和装配技巧，并强调安全操作规程（见前文）。

（4）按电路设计方案安装电路并调试

根据元器件清单领取元器件，检测元器件功能的好坏，在逻辑实验仪上完成各单元电路的安装调试，装调好的电路应达到技术指标，布线应连接可靠并尽可能整齐。

根据具体情况，教师可将电路装调的进度细分并及时检查和指导：主电路 6~10 学时、控制电路 4~8 学时，系统调试 2~4 学时。

（5）电路验收及故障排除测试

完成整体电路的装调后，在熟悉原理及布线的基础上，同学之间可以相互制造人为故障，进行故障排除练习。

指导教师根据学生完成实训的进程不同，分别对每个学生进行故障排除考核。通常由教师制造 3～5 个人为故障，由学生独立查找并排除故障。考核成绩可根据故障排除的完成情况、熟练程度和所用的时间进行评定。

电路验收随各组进度进行。各组装调好的电路经老师和由学生组成的评审团按照功能（评分占比 70%）、布线工艺（评分占比 20%）、集成电路数量（评分占比 5%）、设计方案独特性和新颖性（评分占比 5%）评分，并排出名次。

（6）撰写课程设计报告

可组织一次全班总结交流会，每组代表分别上台发言，分享在综合实训中的经验、体会及建议。只要学生真有收获，发言就会很积极。在总结自身经验及聆听他人感言的过程中，学生也能够彼此获益。总结交流会结束后，学生写出综合实训总结报告（1 周后上交）。

3.1.6　数字电路综合实训的报告要求

在整个综合实训的过程中，每个同学应完成三个文件：预设计作业、方案实验过程报告及综合实训总结报告。

1）预设计作业

应按下述原则画出系统框图、整体逻辑电路图及列出元器件清单，交指导教师审阅。

（1）画系统框图的原则：

① 比较简单的逻辑电路的系统框图一般由几个方框构成，复杂一些的电路的系统框图由十几个方框构成，所画的系统框图不必太详细，也不能过于含糊，关键是反映出逻辑电路的主要单元电路、信号通路、输入、输出以及控制点的设计思路，特别是控制电路部分要能反映出所采用的方案。

② 系统框图要能清晰地表示出控制信息和数据信息的流向。

③ 每个方框不必指出功能块中所包含的具体元器件，但应标明各方框的功能名称，如音频振荡器可由 555 定时器或 74LS00 等不同的具体元器件实现，那么对应的方框只要标明该功能模块为"音频振荡器"即可。

④ 所有连线必须清晰、整齐。

（2）画整体逻辑电路图的原则：

整体逻辑电路图是在完成系统框图、单元电路设计、参数计算、元器件选择的基础上得到的。要求所画电路图便于在安装调试和查找故障时使用。

① 布局合理、紧凑、协调、疏密适当、排列均匀，图面清晰，便于阅读。

连线应为垂直线或水平线，一般不画斜线。连线应尽量短，交叉线和弯折线尽可能少。四端互连的交叉处若为连接点，应用圆点表示，否则表示跨越不相接。三端相连的交叉处表示连接点，圆点可加也可不加。电源一般标电压值，地线可用地线符号代替，为简化图例，接地可以"⊥"代替"⏚"。

画图时应注意信号流向，一般从信号源或输入端画起，从左至右、从上至下按信号的流向依次画出各单元电路。

② 尽量把电路图画在一张图纸上。如果电路较复杂，一张图纸画不下时，或者在设计单元电路草图时，可先把主电路画在一张图纸上，然后再把相对独立的和比较次要的电路分画在另外的图纸上。必须注意，不同图纸上电路之间的信号关系一定要有清楚的标注。

③ 中、大规模集成电路的符号，通常画成一个方框，框内标明元器件的型号，引出引脚的符号应标注清楚，必要时还可以标注出引出引脚的序号。各引出引脚不要求按顺序排列，可按设计者需要排列，以能清楚地反映电路的逻辑功能、电路简单易画、图面美观清晰为原则。

④表示小规模元器件（即所有的逻辑门电路和触发器）时应使用标准逻辑符号。表示电阻、电容、电感类元器件时应标注出具体参数值。

⑤ 作为正式图纸还应列出题目及设计者信息，放在图纸的右下角。

（3）元器件清单应按以下几项列表：

① 名称（如计数器、译码器、电阻、电容、开关、扬声器等）。

② 型号或数值（如 74LS90、CD4511、4.7kΩ、0.01μF 等）。

③ 数量。例如，1 块 74LS00 芯片内部有四个 2 输入与非门，注意：元器件清单中数值所指为集成芯片的数量，不是芯片中门电路的个数。

④ 备注。可为实验室已经分发的元器件预留标记位置。

2）方案实验过程报告

方案实验过程报告应由学生自己拟定，内容包括：测试内容和指标、方法及步骤、测试电路图及原理分析、所用仪器设备，以及记录测试结果的表格等。

3）综合实训总结报告

综合实训总结报告要限期完成，内容及格式要求如下：

① 封面。

② 目录。

③ 实训任务要求。

④ 系统框图及整体功能概述。

⑤ 各单元电路的设计方案及原理说明。

⑥ 调试过程及结果分析。

⑦ 设计、安装及调试中的体会。

⑧ 对本次综合实训的意见及建议。

⑨ 附录（包括整体逻辑电路图、元器件清单、工具清单和参考文献等）。

3.2 数字电路综合实训指导书

3.2.1 数字电路综合实训的基本实施方法

1. 方案设计

方案设计即根据设计题目给定的技术指标和条件，初步设计出完整的电路（这一阶段又称为"预设计"阶段）。

这一阶段的主要任务是准备好实验文件，其中包括：方框图、构成方框图的各单元的逻辑电路图、整体逻辑电路图及元器件清单。

传统的数字电子实训课程中，往往由教师提出设计要求，然后由教师给出现成的电路图和元器件，学生再按照统一的电路图进行安装调试。本综合实训则改变了这种模式，其最大的特色是充分调动学生的积极性，以学生为主体，在其能力所及范围内，促使其反复思考，参阅大量文献和资料，充分发挥自己的主动性和行动力，让学生结合实际情况，独立地、创造性地进行逻辑电路的设计，将各种方案进行比较及进行可行性论证，然后确定方案，这样设计出的电路图具有多样化的特色。不仅教师提供多个课题供学生选择，而且实验室也提供了选择余地较大的 TTL 及 CMOS 型中、小规模数字集成电路等元器件资源，课题也具有一定难度，同一功能可用不同元器件和方法实现，使设计方案多种多样。设计者可发挥自己的才智，独辟蹊径，寻找具有特色的方案，这也正是本综合实训教学的目的：为设计者提供创造性工作的大舞台，如自动报时数字钟课题中，实现小时计时 1 到 12 点的十二进制计数器的常用方法有两种，而因采用元器件的不同将使电路更加多样化；校时电路的方案因其状态分配不同而多样化；报时电路的控制较复杂，具体方案就更多了。这样，学生自己设计电路，自己安装调试，因经验的不足常使电路存在某些问题，促使其一边安装调试一边修改完善电路，思维一直处于活跃状态，使学生电路设计能力得到充分锻炼。教师在此阶段的作用为引导学生多思考、解答设计难点，要为学生留下足够的独立设计空间。

在比较简单的小型数字系统设计中，常采用自下而上的方法（试凑法）来进行设计。这种方法建立在逻辑电路传统设计的基础上，是设计数字系统最基本的方法，具体步骤如下。

1）确定待设计系统的总体方案

把总体方案划分为若干相对独立的单元，每个单元实现特定的功能。划分单元的数目不宜太多，但也不能太少，以能充分说明电路的控制思想和控制信号的流向为原则。

2）设计并搭建各个单元电路

根据方案对各单元电路的要求，选择合适的集成电路类型（TTL、CMOS），选择实现每个单元功能的若干个标准元器件。在满足设计要求的前提下，设计电路以减少元器件数目、减少连接线、提高电路的可靠性、降低成本为原则。

在设计中应尽可能多地采用各种标准的中、大规模集成电路，这要求设计者应熟悉各种标准集成电路的种类、功能和特点。

有时也要选用一些小规模集成电路甚至分立元器件。这时，须沿用经典的数字电路理论，采用真值表、卡诺图、逻辑表达式、状态表、状态图来描述该单元电路的逻辑功能，进而设计出具体电路。

3）把单元电路综合成逻辑系统

设计者应考虑各单元之间的连接问题。各单元电路在时序上应协调一致，电气特性上要匹配。此外，还应考虑防止竞争冒险及电路的自启动问题。

衡量一个电路设计的好坏，主要是看电路是否达到了技术指标及能否长期可靠地工作，此外还应考虑是否经济实用、容易操作、维修方便。为了设计出比较合理的电路，设计者除了要具备丰富的经验和较强的想象力之外，还应该尽可能多地熟悉各种典型电路的功能。只要将所学过的知识融会贯通，反复思考，周密设计，一个好的电路方案就不难得到。

2．方案实验

方案实验即对所选定的设计方案进行安装调试。

由于生产实际的复杂性和电子元器件参数的离散性，加上设计者经验不足，一个仅根据理论而设计出来的电路往往是不成熟的，可能存在许多问题，而这些问题不通过实验是不容易检查出来的，因此，在完成方案设计之后，要进行电路的安装和调试，以便检查是否存在实验现象与设计要求不相符的情况。为便于学生掌握实际硬件安装和调试技能，便于修改设计方案，我们提倡在数字逻辑实验仪（以下简称实验仪）上进行方案实验。采用此方式时，所有的安装都是在多孔实验插座板（面包板）上用接插的方法进行的，而不用在印制电路板上进行焊接。

1）安装——讲究布线工艺

在多孔实验插座板上搭建电路时，绝大部分故障是由布线错误引起的。因此，本综合实训专门设置了布线工艺检查项作为成绩评定指标之一，要求元器件布局合理、导线的排列整齐而清晰、连接点接触良好。在安装过程中，一定要认真仔细、一丝不苟，连线不要错接或漏接，并保证接触良好，电源和地线不要短路，避免人为故障。

① 安装前，应首先测试各集成电路元器件的逻辑功能，判断元器件的好坏。测试方法参见 1.3.3 节相关内容。

② 确保元器件布局合理。根据整体逻辑电路图和元器件引脚排列图，以元器件摆放位置美观、疏密适当，连接导线尽量短和便于接线为原则。

③ 将所有待用集成电路插入多孔实验插座板，注意不要插错或方向插反，插入之前应仔细整理引脚，使引脚与多孔实验插座板的连接可靠。

④ 连接电源线和地线。多孔实验插座板上有两排平行的插孔，专供接入电源线及地线，每排插孔的中间在电气上是断开的，可用导线将其相互连通，并将多个多孔实验插座板的电源线和地线连通。为避免干扰，可将地线通过外围设备接地。

⑤ 安装过程中强调布线工艺。布线工艺和技巧参见 1.2.1 节相关内容。好的布线工艺可使电路接触良好，且便于检测和查找故障。

2）调试——分单元电路调试，最后统调

建议学生分单元调试电路，最后统调，这样做的好处之一是便于缩小查找故障源的范围。调试的过程让学生加深了对各单元电路功能的理解；更熟悉了检测仪器的使用方法，如万用表、实验仪（逻辑电平开关、连续脉冲信号产生、单脉冲信号产生、发光二极管电平指示、LED 数码管指示）等；进一步掌握了所用 TTL 型中、小规模集成元器件的使用方法，包括其逻辑功能和电气性能（负载能力、工作速度、脉冲边沿、正常工作电源电压、高低电平等）。调试过程中要充分利用实验仪提供的测试功能及万用表等工具。

① 安装好单元电路后，应该先认真进行通电前的检查。检查电路中元器件是否接错，电源对地是否短路，电解电容极性是否正确，连线是否正确。确认无误后方可通电。

② 通电后，不要急于测量，首先观察有无冒烟、发热、异常响声或气味等异常现象。若正常，进一步检查每片集成电路的工作电压是否正常（TTL 型集成电路电源电压为 5±0.25V），这是电路有效工作的基本保证。

③ 调试该单元电路直至其能正常工作。调试可分为静态调试和动态调试两种。调试可按电路实现的功能进行，一般先调试主电路，然后调试控制电路。

④ 调试主电路的方法：将已调试好的若干单元电路连接起来，然后跟踪信号流向，由输入到输出，由简单到复杂，依次测试，直至全部电路能正常工作。因为此时控制电路尚未安装，所以应根据电路工作原理，将受控电路的控制输入端暂时接适当的高电平或低电平，使主电路能正常工作。

⑤ 调试控制电路常分为两步：第一步，单独调试控制电路本身，施加于控制电路的各个信号可以人为设定为某种状态，直至电路能正常工作；第二步，将控制电路与主电路的各单元电路连接起来，进行整体统调。

⑥ 整体统调：主要观察动态结果，同时将调试结果与设计指标逐一进行比较，发现问题，排除故障，直至电路功能完全符合设计指标。要十分清楚各单元电路之间信号的流向和控制原理，特别要注意观察电路能否自启动，以保证开机后能顺利进入正常的工作状态。

3. 工艺设计

编写和搜集制作实验样机所必需的文件资料，包括整体结构设计文件及印制电路板设计文件等。

4. 样机制作及调试

样机制作及调试包括组装、焊接、调试、可靠性测试等。对现场使用的系统，为保证可靠性，还应测试以下几个内容：抗干扰能力、电网电压及环境温度变化到最大允许值时的系统可靠性、长期运行的稳定性、抗机械振动的能力。

5．总结

考核样机是否全面达到规定的技术指标，能否长期可靠地工作，同时写出设计总结报告。

以上叙述了一个数字系统装置的设计制作全过程。我们在进行综合实训教学的时候，若因时间和条件限制，可以不进行第 3、4 阶段的工作（总结部分对样机的考核此时可省略）。

3.2.2　排除故障训练与考核

1．综合实训中常见故障及排除故障的方法

对于一个较复杂的综合实训题目，安装调试中难免会遇到故障，一般常见故障的原因有：接触不良（连接导线、元器件引脚或多孔实验插座板）、布线错误（错接或漏接）、元器件使用不当（往往是多余控制输入端悬空导致系统受到较大干扰）、元器件功能不正常（须单独测试其功能方能确定）、电源电压不正常（特别是当电源线接触不良时可能使系统工作不稳定）、电路设计有缺陷（出现预先估计不到的现象，这就要改变某些元器件的参数或更换元器件，甚至要修改方案）、布线不妥（引起较大干扰，导致系统工作不稳定）及测试设备不正常等。引起故障的原因很多，要求学生综合、正确、灵活地运用书本上所学的知识，以有效的方式和手段，逐个解决实际发生的问题。

一般的故障排除方法参见 1.4.2 节相关内容。以下介绍综合实训中发生故障后常用到的一些故障排除方法。

（1）用观察法，检查集成元器件的方向是否插对，电源线、地线是否漏接或错接，是否有两个或两个以上的输出端错误地连在一起等。

（2）用万用表"Ω×10"挡，测量电源与地间的阻值，排除电源线与地线开路或短路故障。

（3）检查集成元器件不允许悬空的输入端是否处理妥当。

（4）用万用表测量直流电源电压是否在合理的范围内，确认无误后接通电源，观察电路及各元器件有无异常发热等现象。

（5）检查集成元器件的电源是否可靠接通。检查方法是用万用表的表笔直接测量集成电路"电源"和"地"两引脚之间的电压。这种方法可检查出因多孔实验插座板、集成电路引脚或连线接触不良等原因造成的故障。

（6）静态测量。对于组合逻辑电路，可按照电路的功能表进行检测，如果发现故障，把电路固定在故障状态下，利用实验仪上的逻辑电平显示器可快速查明故障点，也可用万用表测量电路中可疑节点的直流电压（较适用于接触不良的情况）。对于时序逻辑电路，可使其单步工作，根据电路的逻辑功能，对故障现象进行逻辑分析和推理，逐步缩小故

障范围，找到故障原因。

（7）集成元器件工作时产生的尖峰电流，可能通过电源耦合对电路产生干扰，破坏电路的正常工作，应采取必要的措施加以排除，方法参见 1.3.1 节相关内容。

（8）当电路工作频率较高时，应采取必要的措施防止产生高频干扰，参见 1.4.2 节相关内容。除此以外，若因高频信号产生竞争冒险问题，还可以适当采用高频滤波电容（0.01μF）滤除高频干扰。

2. 排除故障考核的方式

排除故障环节非常有利于学生对知识的掌握和分析、解决问题能力的提高。

（1）教师先向学生介绍一些查找故障的基本方法和技巧、常见故障现象及其解决办法等，并指导学生"正确"地制造人为故障，避免发生损坏元器件的情况。

（2）再由学生彼此练习设置和排除故障。故障的设置要在充分理解单元电路逻辑功能的基础上进行，禁止盲目地设置故障。进度较快的学生可以完成全部电路的装调后进行，进度慢的学生可在装调完主电路部分后进行。

（3）最后由教师人为设置故障，进行排除故障考核，以检验学生的排除故障能力。考核时由教师在学生所安装电路中人为设置故障，通常每次只设置一个故障，要求学生在规定时间（一般为 5min）内排除，并说明故障原因和解决办法，教师根据熟练程度、所用时间及对故障现象的分析能力进行评分。由于控制电路较复杂，通常难以在较短时间内排除故障，所以一般设置故障范围仅限于主电路。对于特别优秀的学生，基于其对控制电路原理的深刻理解，也可以在控制电路设置部分故障。

3.2.3 常考故障、产生原因及其查找方法

下面以自动报时数字钟的主电路（指计数、译码、显示电路，电路图参见后面课题部分介绍）为例，说明在排除故障考核中常考的故障及其产生原因、查找方法。这些故障也是在安装调试电路的过程中经常会遇到的故障。

考核涉及的故障是在主电路已经完成安装调试且功能正常后，人为设置的故障，这与电路正常工作一段时间后出现故障的情况类似。与实际工作情况不同的是：第一，实际工作中可能出现元器件损坏的情况，而教师在人为设置故障时，会避免损坏元器件，代之以接触不良等办法，使元器件失效；第二，实际工作中电路的连线一般不会改变，而教师在设置故障时，有可能改变导线的连接（一般仅限于一根导线）。

按照故障位置划分，有两大类故障产生原因：某一单元电路故障，该单元电路的输入信号故障。检查时，应先确定故障部位，再细查。

1．译码显示电路部分常考故障

（1）故障现象：数码管始终不亮。

产生原因：可能是显示电路故障，如七段共阴型数码管的共阴极未接地、限流电阻开路、电源线断路等；也可能是显示电路的输入信号故障，即译码器的输出不正常，当译码器处于"灭灯"状态（灭灯控制输入端为有效低电平）、计数器未工作造成译码器的输出为"1111"，均会使数码管不亮。

查找方法：可使译码器处于"试灯"状态（使试灯控制输入端为有效低电平），若数码管亮，就表明故障不在显示电路部分，应进一步检查译码器甚至计数器的功能；若数码管不亮，应先单独测试显示电路部分功能：首先观察数码管的共阴极是否良好接地，再确认限流电阻是否正确连接，必要时可用万用表检测接线是否可靠，若这些都无误，基本可判断故障不在显示电路部分。再测量数码管引脚 a～g 的电压，若不正常，可确认是译码器的输出不正常。

（2）故障现象：数码管始终显示"8"。

产生原因：译码器处于"试灯"状态，译码器电源未接通，计数器的工作频率变为高频等。

查找方法：用实验仪上的逻辑电平显示器检测译码器的"试灯"输入端，对照功能表检查译码器是否处于"试灯"状态；若译码器未处于"试灯"状态，进一步用万用表检测译码器电源是否正常，若也正常，用逻辑电平显示器监测计数器的 CP 端是否有低频方波信号。

（3）故障现象：数码管上某字段一直亮或一直不亮，表现为数码管有规律地出现乱码。

产生原因：数码管的引脚 a～g 与译码器的引脚 a～g 未能正确一一对接、接触不良或限流电阻接触不良等。

查找方法：仔细观察故障现象，找出有故障的字段，如 a 段总亮或总不亮，应重点排查 a 段的连接，对照数码管和译码器的引脚排列图及逻辑电路图，仔细检查接线；若接线无误，再用实验仪上的逻辑电平显示器检测 a 段的逻辑电平，或用万用表直接测量 a 段的电压是否正常。

（4）故障现象：数码管某些字符显示模糊，有时甚至不随输入信号变化。

产生原因：通常是译码器的电源电压不正常。

查找方法：用万用表检测译码器的电源电压是否正常。

2．计数电路（74LS90 实现六十进制计数，74LS192 和触发器实现十二进制计数）常考故障

（1）故障现象：74LS90 实现的十进制计数变成了二进制计数。

产生原因：74LS90 计数器的二进制进位信号与五进制计数器 CP 端的连线断路。

查找方法：用逻辑电平显示器监测五进制计数器 CP 端是否有低频方波信号。

（2）故障现象：74LS90 实现的六进制计数变成了二进制或四进制计数。

产生原因：74LS90 计数器实现六进制计数的方法是将输出端 Q_1 和 Q_2 反馈接至异步置 0 端，若 Q_1 反馈线断路，则计数器变成四进制计数，若 Q_2 反馈线断路，则计数器变成二进制计数。

查找方法：关闭电源，用万用表欧姆挡分别检查 Q_1 和 Q_2 是否可靠反馈至异步置 0 端。

（3）故障现象：六进制计数器的状态不变。

产生原因：低位计数器向高位六进制计数器进位的信号线断路。74LS90 计数器实现进位的方法是将十进制计数器的输出端 Q_3 连接到六进制计数器的 CP 端，六进制计数器的状态不变可能是因为这条进位信号线断路。

查找方法：将六进制计数器的 CP 端从电路中断开，将实验仪上可靠的低频方波信号输入六进制计数器的 CP 端，若六进制计数器工作正常，说明是该进位信号线断路；若仍不计数，说明是六进制计数、译码、显示电路的问题，查找方法参见上文相关内容。

（4）故障现象：74LS90 计数器状态始终为"0"或始终为"9"。

产生原因：74LS90 计数器的异步置 0（或异步置 9）功能有效，即异步置 0（或异步置 9）输入端信号全为高电平或全悬空。

查找方法：先检查 74LS90 计数器的相关引脚的连线（接地线或接某个信号输出端）是否正确；若连线正确，再用逻辑电平显示器检测 74LS90 计数器的相关引脚的状态，若一直为高电平则表示计数器处于置 0 或置 9 状态；当 74LS90 计数器的异步置 0（或异步置 9）端接触不良，实际处于悬空状态时，逻辑电平显示器不能可靠地将其检查出来，此时须用万用表测量电压是否在正常允许范围内。

（5）故障现象：十二进制计数器的计数顺序由 1～12 变成 3～12。

产生原因：74LS192 的置数功能端未工作；并行输入 D_1 本来应为 0，实际上变成 1 了。

查找方法：令 74LS192 的置数功能端为有效的低电平，若其状态为"1"，表明故障为 74LS192 的置数功能端未工作，若其状态为"3"，表明 74LS192 的并行输入数据 D_1 由 0 变成 1 了。

（6）故障现象：十二进制计数器变成计数状态顺序为"1→2"的二进制、"1→2→3→4→5→6→7→8→9→10"的十进制或"1→2→3→4→5→6→7→8→9→10→11"的十一进制。

产生原因：实现十二进制的方法是将信号 $Q_4Q_1Q_0$ 送至与非门产生反馈信号，但若反馈线 Q_4 断开则计数器变成二进制计数，若反馈线 Q_1 断开则计数器变成十进制计数，若反馈线 Q_0 断开则计数器变成十一进制计数。

查找方法：关闭电源，用万用表欧姆挡分别检查 Q_4、Q_1 和 Q_0 这三根信号线是否可靠反馈至与非门的输入端。

（7）故障现象：十二进制计数器的计数状态顺序成了"$11 \to 12 \to 13 \to 14 \to 15 \to 16 \to 17 \to 18 \to 19 \to 0 \to 1 \to 2$"。

产生原因：据观察，计数器仍为十二进制（有 12 个循环计数状态），表明故障不在计数电路；计数器"个"位显示正确，而"十"位的显示恰好与正确情况相反，表明故障原因是计数器向显示器输出信号时电平状态正好相反了，使得应该显示"1"时却消隐，应该消隐时却显示"1"。

查找方法：重点检查 Q_4 信号线与显示电路的连接是否正确。

（8）故障现象：十二进制计数器的计数状态顺序成了"$1 \to 2 \to 3 \to 4 \to 5 \to 6 \to 7 \to 8 \to 9 \to 0 \to 1 \to 2$"。特点：出现了两次"1""2"。

产生原因：据观察，计数器仍为十二进制（有 12 个循环计数状态），表明故障不在计数电路；计数器的"十"位始终消隐，表明故障位于 Q_4 线连接的显示电路部分。

查找方法：用逻辑电平显示器检查十二进制计数器最高位信号 Q_4 的状态，确认该信号是否正确；如确认无问题，再逐级检查该信号送至显示电路的通路是否正确；最后检查显示电路的限流电阻、电源或地线是否正确连接。

（9）故障现象：十二进制计数器的计数状态顺序由 $1 \sim 12$ 变成 $X \sim 12$。

产生原因：74LS192 的并行输入数据 $D_3 D_2 D_1 D_0$ 由 0001 变成 X 了。

查找方法：重点检查 74LS192 的并行输入数据 $D_3 D_2 D_1 D_0$ 的状态。

（10）故障现象：十二进制计数器的计数状态顺序成了"$1 \to 2 \to 3 \to 4 \to 5 \to 6 \to 7 \to 8 \to 9 \to 19 \to 10 \to 11 \to 12$"。其中"$9 \to 19 \to 10$"翻转速度快一倍。

产生原因：最高位 D（或 JK）触发器的异步置 1 端悬空未进行处理，引入了干扰；低四位向最高位进位的信号时序（触发沿）不配合。

查找方法：对照 D（或 JK）触发器的引脚排列图检查其异步置 1 端是否有悬空的情况，若有，应将其接至固定电平。仔细检查电路图，若最高位采用上升沿触发有效的 D 触发器，则低四位向最高位的进位信号也应提供上升沿，否则应通过一级非门。用逻辑电平显示器监测最高位 D 触发器的 CP 端，特别注意当"$9 \to 0$"的瞬间是否有上升沿到来。

3.3　供选用课题

以下课题要求独立设计逻辑电路图，借助实验仪完成安装及调试，写出设计报告；只能采用实验室提供的中、小规模集成电路元器件进行设计。

3.3.1 课题 1 自动报时数字钟

1．任务和要求

（1）用数字显示时、分、秒。12 小时循环一次。

（2）可以在任意时刻校准时间，只用一个按钮开关实现，要求可靠方便。

（3）能以音响形式自动进行整点报时，要求第一响为整点，以后每隔一秒或半秒钟响一下，几点钟就响几声。

（4）秒信号不必考虑时间精度，可利用实验仪上所提供的连续脉冲（方波）信号。

2．原理框图

根据设计任务与要求，可初步将系统分为三大功能模块：主电路、校时电路和自动报时电路。进一步细分，可将主电路分为两个六十进制、一个十二进制的计数、译码、显示电路；校时电路分为防抖动开关电路、校时控制器；自动报时电路分为音频振荡器、响声计数器、响声次数比较器、报时控制器、扬声器电路。这样把总体电路划分为若干相对独立的单元。自动报时数字钟的原理框图如图 3-1 所示。

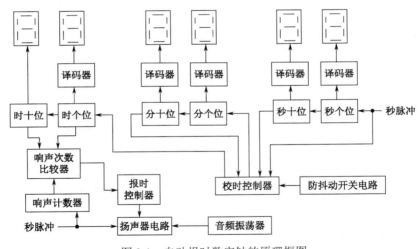

图 3-1　自动报时数字钟的原理框图

3．设计原理及参考电路

下面就几个单元电路的设计思想进行讨论。

本课题只用于一般设计制作训练，对走时准确性不过高要求，对于秒信号不必考虑时间精度，可利用实验仪提供的连续脉冲（方波）信号。

1）时、分、秒计数器

秒信号经秒计数器、分计数器、时计数器之后，分别得到"秒""分""时"的个位、十位的计时输出信号，然后送至译码显示电路，以便用数字显示。"秒"和"分"计数器应为六十进制，而"时"计数器应为十二进制，所有计数器皆用 8421BCD 码计数。要实现这一要求，可选用的 MSI 计数器较多，这里推荐 74LS90、74LS290、74LS160、74LS192，由读者自行选择。

（1）六十进制计数器：由两块 MSI 计数器构成，一块实现十进制计数，另一块实现六进制计数，合起来构成六十进制计数器。参考电路如图 2-9 所示。

（2）十二进制计数器：该十二进制计数器使用 8421BCD 码，因此产生的是 5 位二进制数。作为"时"计数器，该计数器的计数顺序较特殊，为"$1\to2\to3\to\cdots\to11\to12\to1$"。可由一块 MSI 计数器实现十进制计数器，由触发器实现二进制计数器，合起来实现二十进制计数器。在此基础上，用脉冲反馈法实现十二进制计数。

在图 3-2（a）中，当计数器计到第 13 个 CP 脉冲时，即状态一旦为"10011"，就通过外加的控制电路输出一个信号（注意：该信号的电平应视计数器的功能而定，有时应为高电平，有时应为低电平）去控制计数器的异步置数端和触发器的异步置 0 端，将计数器的状态强制变为"00001"状态，从而实现从 $1\to\cdots\to12\to1$ 的十二进制计数。图 3-2（b）为另一种实现方案。

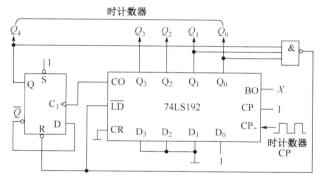

（a）由 74LS192 和触发器实现

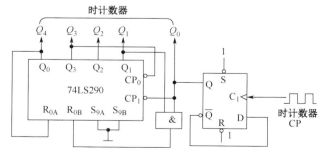

（b）由 74LS290 和触发器实现

图 3-2　十二进制计数器的两种方案

2）译码显示电路

（1）译码显示：选用元器件时应注意译码器和显示器的匹配。一是功率匹配，即驱动电流要足够大。因数码管工作电流较大，应选用驱动电流较大的译码器或 OC 输出的译码器。二是电平匹配。例如，共阴型的 LED 数码管应采用高电平有效的译码器。推荐使用的译码器有 74LS48、74LS49、74LS249、CC4511。参考电路如图 2-10 所示。

（2）十二进制时计数器"十"位的显示：十二进制时计数器的显示有其特殊性：在 1 点至 9 点（$Q_4＝0$）时，对于"时"的十位，我们习惯上是使其消隐的；而在 10 点、11 点、12 点（$Q_4＝1$）时，"时"的十位显示"1"。可见，"时"的十位的显示只处于两种状态：$Q_4＝0$ 时消隐，$Q_4＝1$ 时显示"1"（可令数码管的 b、c 两段亮）。这样可不用译码器，只用 Q_4 直接控制数码管的 b、c 两段即可。因数码管的工作电流较大，同样必须考虑功率匹配和电平匹配问题。参考电路图如图 3-3 所示，图中给出了两种实现的方法。若要设计二十四进制时计数器，译码显示电路则与分、秒计数器的相同。

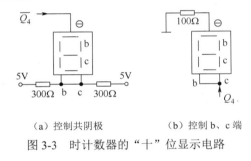

（a）控制共阴极　　　　（b）控制 b、c 端

图 3-3　时计数器的"十"位显示电路

3）校时原理及校时电路

在刚接通电源或者时钟走时出现误差时，要进行时间校准。通常可在整点时刻利用电台或电视台的报时信号进行校时，也可在其他时刻利用别的时间标准进行校时。必须注意，增加校时电路不能影响时钟的正常计时。

实现校时的具体方法各有不同。可通过两个开关（时开关和分开关）进行校时。当时（分）开关置于有效位置时，时（分）计数器数值不断自动加 1，当加到当前时刻的瞬间，迅速将开关置于无效位置，结束校时。如果不用遵照"只用一个按钮开关实现校时"的要求，两个开关也可设为按钮开关，每按一次按钮，对应时（分）计数器数值加 1。这种方案不易将校时的时刻精确到秒。

本课题要求只用一个按钮开关实现校时，每按一次按钮，电路自动进入下一工作状态，这种设计思想广泛应用于家用电器的数字电路中。校时总在选定标准时间到来之前进行，一般分为以下步骤：首先使时计数器不断加 1，直到加到要预置的小时数，立即按下按钮，时计数器暂停计数；同时分计数器开始不断加 1，直到加到要预置的分钟数，再按下按钮，分计数器暂停计数；此时秒计数器应置 0，时钟暂停计数，处于等待启动阶段；当选定的标准时刻到达的瞬间，按下按钮，电路则从所预置时刻开始计时。这种方案可将校时精确到秒。由此可知，校时电路应具有预置小时、预置分钟、秒置 0 等待、启动计时四个阶段。

（1）防抖动开关电路：因为机械开关的机械抖动不适合对反应速度极快的门电路进行控制（会发生误操作），所以机械开关应加防抖动电路以产生稳定的上升沿或下降沿单脉冲输出。防机械抖动的方案有多种。

可以利用 RC 电路中电容的延迟效应。电容两端电压不能突变，快速变化的机械抖动被滤除。此电路要求合理选择时间常数。若时间常数太大，开关反应就太慢，且同等质量的电容，一般电容量更大的漏电流更大，使得低电平升高到允许的范围之外，无法满足要求。若时间常数太小，机械抖动又不能被滤除，利用 RC 电路防抖动的电路如图 3-4（a）所示。

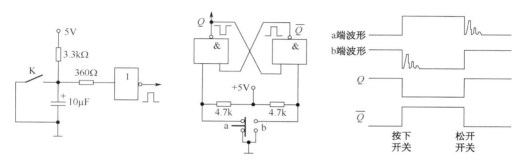

（a）利用 RC 电路防抖动　　（b）利用基本 RS 触发器防抖动　　（c）利用基本 RS 触发器防抖动的工作波形

图 3-4　防机械抖动开关电路及工作波形

更可靠的方法是利用基本 RS 触发器的记忆功能防机械抖动，其电路和工作波形如图 3-4（b）和（c）所示。当按下按钮开关时，a 端变成高电平，b 端应接地。虽然因机械弹性，b 端不能立即良好接地，要抖动若干次才能稳定在低电平，但只要 b 端出现了一次低电平，就已经将基本 RS 触发器置为 0 状态了，多几次抖动也不会影响其状态。这样的开关称为无抖动开关。松开按钮开关时的情况类似。

（2）四进制计数器：设计要求校时电路所具有的四个功能只允许用一个按钮开关实现控制，所以要设计一个四进制计数器来实现四种状态，分别对应四个功能。

四进制计数器可以利用双 JK 触发器或双 D 触发器来实现，推荐选择 74LS76、74LS74 等。从减少连接线的角度看，也可以利用 MSI 计数器实现。推荐选择 MSI 元器件 74LS90、74LS161 等。

（3）校时控制器原理一：利用与或门，原理如图 3-5 所示。

当 Q=1，$\overline{Q}$=0，预置信号可以通过，进行校时；而分进位信号被封锁。

当 Q=0，$\overline{Q}$=1，分进位信号可以通过，进行正常计时；而预置信号被封锁。

预置信号可采用秒信号或手动产生的 CP。至于如何产生控制信号 Q 及 $\overline{Q}$，以及分计数器的 CP 如何实现，请读者自行考虑。

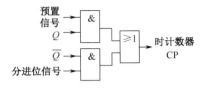

图 3-5　校时控制器原理一

（4）校时控制器原理二：利用 MSI 数据选择器（推荐选用），原理如图 3-6 所示。
注意：图 3-6 只给出了实现时计数器产生 CP 信号的电路，请读者依据相同原理设计实现
分计数器产生 CP 信号的电路。

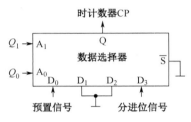

图 3-6　校时控制器原理二

Q_1 和 Q_0 的四种组合状态对应校时的四个阶段功能。在本例中，假设状态分配为 00
对应校时、01 对应校分、10 对应等待且秒置 0、11 对应启动正常计时。

（5）秒置 0 电路。在两种情况下秒计数器应置 0：

第一，秒计数器实现六十进制计数，即当计数器计满 60 个脉冲时（秒十位的 Q_2 和
Q_1 都为 1）。

第二，在校时操作中等待的期间（$C=1$）。

由分析可知，这两种情况的逻辑关系为相"或"，可用"或门"或者其他门电路实现，
参考电路如图 3-7 所示。信号 C 如何产生请读者自行分析（提示：与校时电路中四进制
计数器的状态分配有关）。

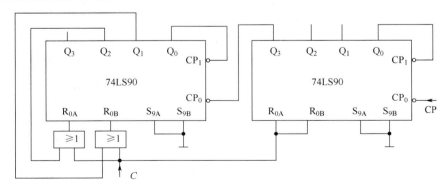

图 3-7　秒置 0 电路

4）自动报时电路

（1）音频振荡器：音频振荡信号 U_s 可为方波信号，频率一般为 800～1000Hz（柔和声音的频率范围），可选用多种方案实现，如 RC 环形振荡器、自激对称多谐振荡器、由 555 定时器实现的振荡器等。由 555 定时器实现的振荡器参考电路如图 3-8 所示。

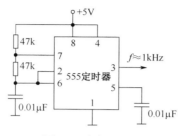

图 3-8　音频振荡器

（2）扬声器电路：用 TTL 型功率门或集电极开路门（OC 门）可以直接驱动小功率扬声器发声，如图 3-9 所示。若 U_k 是周期为一秒的方波，则扬声器会产生响半秒、停半秒，响停共一秒的声音。为了在整点到达的瞬间扬声器处于"响"的状态，应合理选择 U_k 的时序。Q 是报时控制信号，$Q=1$ 表示整点到（扬声器响），$Q=0$ 时扬声器不响。

注：也可将扬声器直接接至有较强驱动能力的 555 定时器的输出端。扬声器的响停可通过控制电路产生信号，去控制 555 定时器的置 0 端实现。具体电路请读者自行分析。

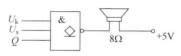

图 3-9　扬声器电路

（3）自动报时原理：经过分析我们知道，要实现整点自动报时，应当在产生分进位信号（整点到）时，响第一声，但究竟响几次，则要由时计数器的状态来确定。由于时计数器为十二进制，报时要求十二小时循环一次，所以需要一个十二进制计数器来计响声的次数，由分进位信号来控制报时的开始，每响一次让响声计数器计一个数，将时计数器与响声计数器的状态进行比较，当它们的状态相同时，比较电路则发出停止报时的信号。如图 3-10 所示为以上所述的自动报时电路的方框图。

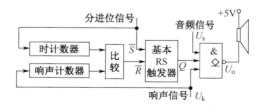

图 3-10　自动报时电路的方框图

对于自动报时的原理我们还可以用如图 3-11 所示的波形来加以说明。例如，当时计数器计到两点整时，应发出两声报时。从波形可以看出，当分进位信号到来，应产生一个负脉冲将触发器置为 1 状态，信号 $Q=1$，在 U_k 的控制下，响半秒、停半秒。由于此时的时计数器的状态为"2"，当响了第二声之后，响声计数器也计到"2"，经比较电路比较后，输出一个负脉冲停响控制信号，加至基本 RS 触发器的 $\overline{R}$ 控制端，使信号 $Q=0$，停止报时。

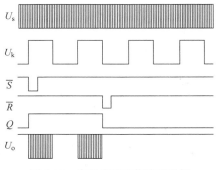

图 3-11　自动报时工作波形举例

请读者仔细分析电路应满足的时序关系，正确选择电路形式及输入信号，设计出这一部分的具体电路图。设计时，如果不利用时计数器而另设一个十二进制的计数器，应注意保证时计数器和该十二进制计数器之间的同步，特别是在重新校时之后应能保证同步，否则就不能保证正确报时。

（4）自动报时方案一：五位二进制数比较法，即直接比较时计数器输出的五位状态数与响声计数器的五位状态数，以控制扬声器电路，如图 3-12 所示。

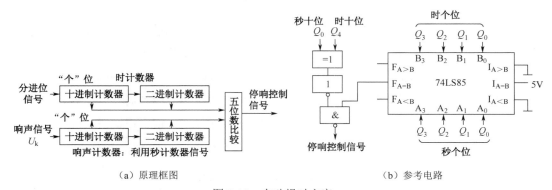

（a）原理框图　　　　　　　　　　　　（b）参考电路

图 3-12　自动报时方案一

由于十二进制时计数器由十位和个位计数器组成，其输出为五位二进制数，因此响声计数器也应与之对应，以便将两个五位二进制数加以比较。从主电路可知，秒计数器的个位和十位刚好可作为响声计数器的输出（秒计数器的十位只利用了最低位 Q_0），不必另行设计。

对于五位二进制数的比较电路，一种实现方法是用 MSI 数据比较器（可选 74LS85），另一种实现方法是用异或门（可选 74LS86）。两个二进制数，只有当它们每一对应位的数码均相同时，这两个数才相同，因此我们可以将时计数器的状态数与响声计数器的状态数按对应的位利用异或门加以比较。因为 74LS85 和 74LS86 都只提供四位二进制数的比较，所以实现五位二进制数的比较首先应解决第五位二进制数码比较的问题。

（5）自动报时方案二：响声计数器采用减法计数器。当分进位信号到来的同时，将时计数器的新状态对应置入响声计数器。将响声信号作为响声计数器的 CP 信号，每响一声，响声计数器数值减 1，当其十位和个位均减至 0 时，输出停响控制信号（为负脉冲）。此信号加至基本 RS 触发器的 $\overline{R}$ 控制端，使 $Q=0$，停止报时，如图 3-13 所示。

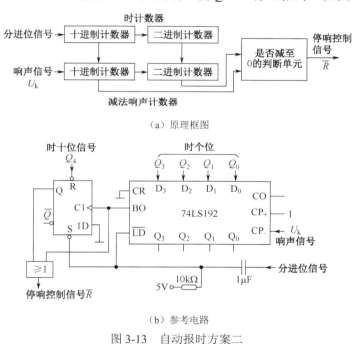

（a）原理框图

（b）参考电路

图 3-13　自动报时方案二

（6）自动报时方案三：利用一块 MSI 计数器构成四位十二进制（非 BCD 码）响声计数器。由于时计数器为五位计数器，两者不能直接加以比较，可采用五—四译码电路将五位时计数器的状态数转换为相应的四位状态数，然后再将其与响声计数器的状态数相比较，如图 3-14 所示。这种方案的比较电路较简单，只要进行四位二进制数的比较即可，但是总电路比方案一、二复杂。

（7）基本 RS 触发器的选用：在图 3-10 中，利用基本 RS 触发器来控制扬声器电路。基本 RS 触发器可利用与非门构成（如选用 74LS00），实际中常利用 JK 触发器或 D 触发器等集成触发器的异步置 0/置 1 端进行控制。

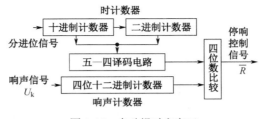

图 3-14　自动报时方案三

4．安装调试的步骤与方法

安装完一部分单元电路后，应先调试该单元电路的功能，各单元电路正常后再与其他单元电路连接起来联调，最后统调。建议按以下步骤进行安装和调试。

（1）主电路：六十进制和十二进制的计数、译码、显示电路。

① 装调所有的显示电路。

② 装调所有的译码电路，将其与显示电路相连。调试方法为：将译码器的四个输入端分别接四个逻辑电平开关，输入 0000～1001，若数码管对应显示 0～9，表明译码、显示电路工作正常。

③ 装调六十进制计数器，并将其输出端与译码器相连。

安装中容易忘记处理异步置 0 端和异步置 9 端，此时计数器不工作，数码管固定显示"0"或"9"。

注意： 如图 3-7 所示，在校时电路尚未安装时，应将秒置 0 电路中的 C 信号所在端先用一根临时的导线接地，使秒计数器处于计数状态，此时六十进制计数器才能正常计数。等校时电路安装好后，再将临时接地的导线拆除，并连接相应电路。在安装调试过程中，凡是这种跨两个单元电路的控制线，都可进行类似处理，即产生该控制信号的电路未安装之前，先将相关控制线临时固定为合理的固定电平。

调试计数器的方法：可将单脉冲信号接到 CP 端，按一下按钮，计数器加 1，观察计数器的计数状态是否是六十进制。也可将低频连续脉冲（方波）信号送至 CP 端，连续观察计数器的计数状态。

④ 装调十二进制计数器，并将其输出端与译码器相连。

一般常用触发器实现二进制计数，用一块 MSI 计数器实现十进制计数，如图 3-2 所示。应该将整个单元电路安装完毕再进行功能调试，若某部分电路或某些导线（特别是控制线）未接完，电路是无法正常工作的。

注意： 74LS192 的进位信号为上升沿有效，所选触发器的触发沿也应为上升沿，若不匹配，则会出现错误输出。

（2）校时电路。

① 校时控制器（采用双 4 选 1 数据选择器 74LS153）。

安装好校时控制器，并完成其与主电路的连接。

注意：校时控制器选通输入端应接地，才能进行数据选择工作。

调试时，地址选择端可接实验仪上的逻辑电平开关，假设状态分配为 00 校时、01 校分、10 等待且秒置 0、11 启动，则分别检验其能否实现相应功能。此时应特别注意选通输入端的状态，可用 LED 逻辑电平显示器监视之。当状态为 00 时，时计数器应按十二进制自动循环计数；当状态为 01 时，分计数器应按六十进制自动循环计数；当状态为 10 时，各计数器应保持不变，秒置 0 电路暂时不接，下一步再接；当状态为 11 时，计时电路应正常计时，此时可将实验仪输出的 CP 信号适当调高频率，以便检查秒进位信号和分进位信号是否正常。

实践中我们可能会发现，当控制器状态变化时，有时时（分）计数器会出现计数值多加 1 的现象，此时可用实验仪上的逻辑电平显示器观察时（分）计数器的 CP 端电平情况，若在控制器状态变化过程中确实出现了有效的触发沿，则应修改、完善设计，如重新分配四进制计数器状态或修改数据选择器的输入数据；若在控制器状态变化过程中没有出现有效的触发沿，但计数值却加 1，通常是 CP 端受音频振荡信号干扰造成的竞争冒险问题，最简单的解决办法是在计数器的 CP 端加一只 0.01μF 的高频滤波电容。

② 四进制计数器：安装好四进制计数器后，先调试该计数器的功能。用实验仪上的单次脉冲信号作为四进制计数器的时钟信号，用 LED 逻辑电平显示器监视其输出状态，连续按下单脉冲按钮，应当出现 00→01→10→11→00 的四进制计数过程。

与校时控制器联调：将 74LS153 的地址选择端不再接实验仪上的逻辑电平开关，而是接至四进制计数器的输出端，连续按下单脉冲按钮，将对应出现四个状态，此时应分别再次检查校时的四个功能。

③ 防抖动开关电路：先检查开关的功能是否正常，可用万用表测量。

安装好防抖动开关电路后，将其输出端接实验仪上的逻辑电平显示器，按一下按钮，应只出现一个单脉冲。

联调：将四进制计数器的 CP 端不再接实验仪上的单脉冲信号输出端，而是接至防抖动电路的输出端 Q。再次检查校时的四个功能并调试，直至正常。

④ 秒置 0 电路：将秒置 0 电路的控制信号端（对应信号 C）与主电路相连。根据 Q_1、Q_0 状态分配的不同，实现控制信号的电路也不同。若状态分配为 00 校时、01 校分、10 等待（秒置 0）、11 启动，则可令 $C = \overline{Q_1 \cdot Q_0}$，也可令 $C = \overline{Q_0}$，都能实现等待期间秒置 0 的功能。

调试：将校时功能状态固定在等待（秒置 0）阶段，检查秒计数器是否置 0。若秒计数器不置 0，表明 C 信号不正确。再检查校时的四个功能，在启动计时期间，计时电路应能正确按秒计时，若秒计数器继续置 0，表明 C 信号不正确。

（3）自动报时电路。

① 音频振荡器：若采用 555 定时器，由于其具有功率输出，可将扬声器接至其输出端和地线之间。若扬声器发声，且为柔和的中频声音，音量足够大，表明振荡器正常工作，且振荡频率合适。若选用的 RC 电路时间常数值不合理，会因频率太低使扬声器闷响，或因频率太高使声音非常刺耳，甚至无法听见。

实践中我们发现，当音频振荡器接入电路后，有时会产生高频干扰，使时、分计数器的计数功能出现混乱，如在校时工作时，时、分计数器多加 1，或时、分计数器的输出波形按音频翻转，此时可在电源线与地线间或时、分计数器 CP 端与地线间接入滤波电容，工程中常用试凑的办法选取电容的容值，如先选择 0.01μF，若不起作用，换其他容值电容再试，直至正常。

② 扬声器电路：安装好该电路，将 Q 信号临时固定为"1"，此时扬声器应发出响半秒停半秒的声音。

③ 基本 RS 触发器：因此部分电路较简单，可直接联调：将其异步置 1 端和异步置 0 端分别临时接实验仪上的两个逻辑电平开关。先拨动开关使触发器置 1，模拟整点到的情形，正常情况下扬声器会发出响声；再拨动另一开关使触发器置 0，模拟响声次数已经足够的情形，正常情况下扬声器响声应停止。若功能不正常，先断开防抖动开关电路的输出端 Q 与扬声器电路的连接，单独调试，再联调。调试完成后将临时接逻辑电平开关的两根导线撤掉。

④ 自动报时控制器：将此部分电路及其与其他电路的连接全部完成后，再进行调试。充分利用实验仪上的测试手段。

若采用方案一（五位二进制数的比较），由于是将时计数器和秒计数器中的低五位分别比较，可用实验仪上的逻辑电平显示器监测计数器和比较器的输出状态，从而观察比较功能是否正常。

若采用方案二，其响声计数器为减法计数器，可用实验仪上的数码管显示响声计数器的状态，从而观察减法功能是否正常。

全部完成后，可将时间调至 9:59、11:59、12:59 等，观察电路能否按要求自动报时。

5. 讨论

（1）若要求时间精度较高，可用晶体振荡器产生稳定度极高的振荡信号，再经分频器得到 1Hz 的秒脉冲信号。试设计相关电路的原理图，并作为选做内容进行安装调试。

（2）在电台或电视台的整点播报中，往往是在整点前 6s 开始，以 800Hz 频率的声音，每秒钟响一次（共响五次），整点到时以频率 1kHz 的声音最后响一次。本课题有响声次数与小时点数一致的特殊要求，目的是为增加设计的难度。若要实现与电台类似的播报，试设计相关电路图。

（3）音频振荡器可选用多种方案实现，试用 RC 环形振荡器、自激对称多谐振荡器实现，画出设计电路图。

3.3.2　课题 2 篮球比赛计时器

1．任务和要求

（1）篮球比赛全场时间为 48min，共分 4 节，每节 12min。要求计时器开机后，自动置节计数器数值为"1"（第 1 节）、节计时器数值为"1200"（12min00s）。

（2）用数字显示篮球比赛当时节数及每节时间的倒计时，计时器由分、秒计数器组成，秒计数器为六十进制计数器，分计数器应能计满 12min。

（3）能随时用钮子开关控制比赛的启动/暂停，启动后开始比赛，暂停期间不计时，重新启动后继续计时。

（4）单节比赛结束时，能以音响自动提示并暂停计时，同时节数自动加 1。

（5）秒信号不必考虑时间精度，可利用实验仪提供的连续脉冲（方波）信号。

2．原理框图

根据设计任务与要求，可初步将系统分为四大功能模块：主电路、开关启/停控制电路、置数电路和音响电路。进一步细分，可将主电路分为一个六十进制减法、一个十二进制减法和一个四进制加法的计数、译码、显示电路；开关启/停控制电路分为防抖动开关电路和启/停控制器；置数电路分为开机置数电路、单节比赛结束电路和单节比赛结束置数电路；音响电路分为音频振荡器、门控电路和扬声器电路。这样把总体电路划分为若干相对独立的单元。本课题参考原理框图如图 3-15 所示。

3．设计原理及参考电路

下面就几个单元电路的设计思想进行讨论。

（1）计时器和节计数器。

根据篮球比赛的特点，计时器要求倒计时。计时器应该设计成显示每节比赛剩余时间，因此要用减法计数器。又由于要求开机后自动置节计数器为第"1"节、计时器为"12"min"00"s，因此应选用具有置数功能的计数器。常用的具有减法计数功能和置数功能的 MSI 计数器有 74LS190、74LS192，读者可根据实验室提供的元器件清单进行选择，参考电路如图 3-16 所示。

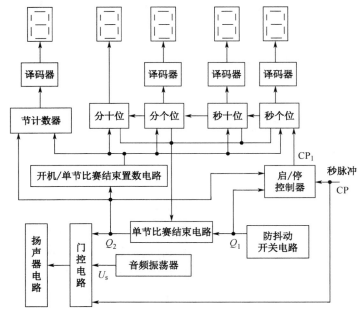

图 3-15　篮球比赛计时器的原理框图

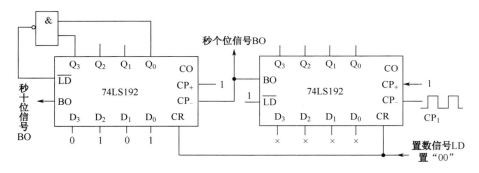

（a）六十进制秒计数器

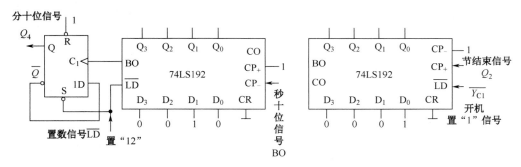

（b）十二进制分计数器　　　　　（c）四进制节计数器

图 3-16　计时器和节计数器的参考电路

① 秒计数器：秒计数器为六十进制减法计数器，可以由两块 MSI 计数器构成，计数数值的个位为十进制计数，十位为六进制计数，组合起来就构成六十进制计数。

注意：用脉冲反馈法实现六进制减法计数器时，取出来的反馈状态与加法计数器不同。要求开机时和单节比赛结束时都要置 "00"，要根据 MSI 计数器置数功能对电平信号的要求加反馈脉冲，如图 3-16（a）中 74LS192 要求置 0 功能为高电平有效。

② 分计数器：分计数器为十二进制减法计数器。数值的个位为十进制计数，由一块 MSI 计数器构成；十位为二进制计数，由一个触发器构成，组合起来就构成二十进制计数。再利用置初始值 "12" 来实现十二进制计数。可利用低电平有效信号控制 74LS192 的置数端和 D 触发器的异步置 1 端来实现置 "12"，参考电路如图 3-16（b）所示。

③ 节计数器：节计数器为四进制加法计数器，可由一块 MSI 计数器构成。可选用 74LS192，使数据输入为 "0001"，当低电平有效信号控制其置数端时，便实现置 "1"，参考电路如图 3-16（c）所示。

（2）译码显示电路。

参考课题 1 的相关内容。

（3）开关启/停控制电路。

① 防抖动开关电路：机械开关的机械抖动不适合对反应速度极快的门电路进行控制，否则会发生误操作，所以应加防抖动电路，产生稳定的 0/1 输出，如图 3-17 所示。

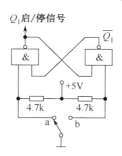

图 3-17　利用基本 RS 触发器防机械抖动

② 启/停控制器（如图 3-18 所示）：Q_1 作为比赛计时启/停控制信号，其控制作用为：

当 $Q_1=1$（开关置于启动）时，秒脉冲信号 CP 可通过与非门，秒计数器计数，比赛正常计时。

当 $Q_1=0$（开关置于暂停）时，CP 被封锁，CP_1 为固定高电平，秒计数器无有效时钟脉冲输入，比赛计时暂停。

Q_2 为单节比赛结束时发出的控制信号（简称节结束信号），其作用为：

当 $Q_2=0$（某节比赛未结束）时，比赛正在进行，计时器计时。

当 $Q_2=1$（某节比赛结束）时，表示该节比赛结束，计时器停止计时。

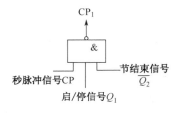

图 3-18　启/停控制器

（4）置数电路。

① 开机置数电路：设计要求开机能正确预置数，以便开始新的一场比赛。可利用 RC 电路的瞬态响应来实现，如图 3-19 所示。

开机时，由于电容两端电压不能突变，则图 3-19（a）中初始电压 $U_{C1}(0)=0$V，经反相后得到 U_{OH}，若置数信号要求高电平有效，可利用这个高电平信号去置数。经一段时间（由 RC 电路时间常数决定）后，U_{C1} 充电至高电平，经反相后得到 U_{OL}，置数信号将不再起作用，允许进行比赛。若置数信号要求低电平有效，则可将 R、C 互换，如图 3-19（b）所示，或者再接一级非门，如图 3-19（c）所示。采用非门的作用是为了加一级门电路隔离干扰，提高抗干扰能力。

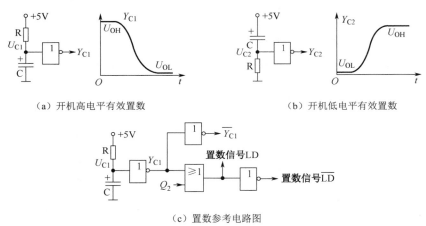

（a）开机高电平有效置数　　　　　　　　（b）开机低电平有效置数

（c）置数参考电路图

图 3-19　开机/单节比赛结束置数电路

RC 电路时间常数的选择要考虑两个因素：延迟时间和元器件对高低电平的要求。若 RC 电路时间常数太小，则置数不可靠，因为时间太短，来不及动作。若 RC 电路时间常数太大，会使图 3-19（a）所示电路的 U_{C1} 无法充电至高电平范围（不小于 2.7V）；或会使图 3-19（b）所示电路 U_{C2} 无法达到要求的低电平范围，两种情况都会使置数一直进行，无法正常进行比赛。一般取 $C<10\mu$F，图 3-19（a）中 $R<10$kΩ，图 3-19（b）中 $R<1$kΩ，设计者可在实践中试用某参数并检验其效果。

② 单节比赛结束电路（如图 3-20 所示）：根据减法计数器的特点，当计时器减至

"00" min "00" s 时，单节比赛结束，应输出一个控制信号。由所选元器件 74LS192 的逻辑功能可知，计数值减至 0 时其借位输出信号 BO 的后半个周期会出现低电平，将分计时器"十"位 D 触发器的 Q 端输出信号和分计时器"个"位及秒计时器的三个 74LS192 的借位输出信号 BO 相"或"，就得到低电平有效的"单节比赛结束"控制信号，利用此信号使 $Q_2=1$，表示单节比赛结束。

利用 $Q_2=1$ 可控制计时器置初始值、音响电路发声、计时器暂停工作。

之后将钮子开关拨至暂停位置可以使 Q_2 恢复为 0，计时器不再置初始值，从而允许比赛进行、停止音响提示、允许计时器工作。当休息时间到后，将钮子开关拨至启动位置，又可开始新的一节比赛。这样，单节比赛结束时，用钮子开关关断声音，下一节开始比赛时再用钮子开关启动，如此规定可简化设计。

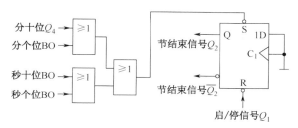

图 3-20　单节比赛结束电路

③ 单节比赛结束置数电路：节计数器只在开机时置"1"，而计时器不仅在开机时置"12" min "00" s，而且在单节比赛结束后也应该置数，以保证下一节比赛的顺利进行。可知，开机置数（$Y_{C1}=1$）与单节时间到置数（$Q_2=1$）的逻辑关系为相"或"，选用或门及非门实现相应的控制。参考电路如图 3-19（c）所示。

（5）音响电路。

① 音频振荡器：参考课题 1 相关内容。

② 门控电路及扬声器电路如图 3-21 所示。

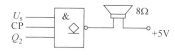

图 3-21　门控电路及扬声器电路

用 TTL 型功率门或 OC 门可以直接驱动小功率扬声器发声。CP 是周期为 1s 的方波信号，用于产生间隔半秒的"嘟嘟"声。Q_2 是单节比赛结束控制信号。

4. 安装调试的步骤和方法

安装完一部分单元电路后，应先调试该单元电路功能，确定正常后再与其他单元电路连接起来联调，最后统调。建议按以下步骤进行安装和调试。安装调试的方法参见课题 1 中的论述。

（1）主电路。

① 显示电路：参考课题 1 相关内容。

② 译码电路：参考课题 1 相关内容。

③ 六十进制和二十进制的减法计时器、十进制的加法节计数器：参考课题 1 相关内容。

注意：由于此时未实现开机置数功能，十二进制减法计数器暂时为二十进制，四进制加法计数器暂时为十进制。

（2）开关启/停控制电路。

① 防抖动开关电路。

② 启/停控制器：此时未实现 Q_2 信号输出，可暂时不接，相关引脚可悬空或暂时接高电平。

（3）置数电路。

① 开机置数电路：应通过开/关机，检查是否可靠实现开机置数功能，将开关置于启动位置，检查是否实现了十二进制减法计数和四进制加法计数。调试中为节约时间可将 CP 的频率适当调高些。

② 单节比赛结束电路：应检查当计时器减至"00"min"00"s 时，Q_2 是否置为 1，计时器是否暂停工作。

之后将钮子开关拨至暂停位置，观察 Q_2 是否恢复为 0；然后将钮子开关拨至启动位置，观察计时器是否开始计时。

③ 单节比赛结束置数电路：应检查当计时器减至"00"min"00"s 时，即 $Q_2=1$ 时，计时器是否置初始值。

之后将钮子开关拨至暂停位置后再启动，观察计时器是否开始倒计时。

（4）音响电路。

① 音频振荡器。

② 门控电路。

③ 扬声器电路：当计时器减至"00"min"00"s 时，即 $Q_2=1$ 时，应检查音响电路是否发声。

之后将钮子开关拨至暂停位置，观察是否停止音响提示。

5. 讨论

（1）以上设计方案中，按照比赛的顺序，当全场比赛结束时节计数器会加到"5"，若要求此时节计数器置"0"，该如何改进？

（2）若采用 74LS190 实现减法计数，电路应如何设计？

3.3.3　课题 3　简易数字频率计

1．任务和要求

（1）位数：能够显示四位十进制数。

（2）被测信号：方波或正弦波（不要求设计放大器）。

（3）量程：分为 4 挡，对应的最大示数分别为 9.999kHz、99.99kHz、999.9kHz、9999kHz，用一个按钮开关转换量程。

（4）显示：

① 用七段 LED 数码管显示示数，在每次测量结束并稳定后才显示，测量期间输出结果是跳变的，要求消隐。

② 为了便于读数，要求数据显示的时间在 0.5～5s 范围内连续可调（如显示时间设为 2s，则数据显示 2s 后自行消失，随后自动显示下一次测量结果）。

③ 小数点的位置跟随量程变更而自动移位。

（5）具有自检功能。

2．原理框图

频率测量的原理是在标准时间（时基）内对被测信号的时钟个数进行计数。设被测信号频率为 f_x，则 $f_x = N/T$，式中 N 为计数器的计数值，T 为时基脉冲信号 T_c 的周期，即计数器的计数时间。当 $T = 1$ 时，被测信号频率 $f_x = N$。其基本工作原理框图及波形图如图 3-22 和图 3-23 所示，由波形图可知该输入信号的频率为 18Hz。

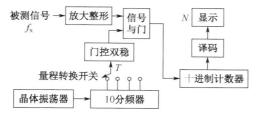

图 3-22　数字频率计的基本工作原理框图

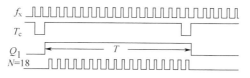

图 3-23　数字频率计的波形图

根据设计任务和要求，可初步将系统分为四大功能模块：主电路、时基信号产生电路、量程转换电路和控制电路。进一步细分，可将主电路分为四个十进制计数、译码、显示电路；将时基信号产生电路分为晶体振荡器、六级 10 分频器；将量程转换电路分为量程转换开关、防抖动处理、四进制计数器、数据选择器和数据分配器；将控制电路分为整形电路、信号与门、门控双稳（态触发器）、封锁双稳（态触发器）、显示时间单稳（态触发器）、复位单稳（态触发器）、自检开关、复位开关。这样把总体电路划分为若干相对独立的单元，参考原理框图如图 3-24 所示。

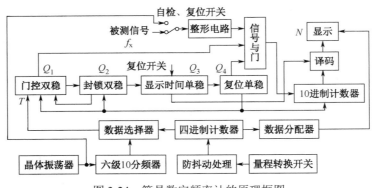

图 3-24　简易数字频率计的原理框图

3．设计原理及参考电路

下面就几个单元电路的设计思想进行讨论。

（1）主电路。

① 四个十进制计数器：要求频率计能够显示四位十进制数，故采用四个十进制计数器。有许多 MSI 元器件可供选择，该计数器应具有异步置 0 功能，因为当重新开始测量之前须将上次测量结果清除，从 0 开始对时钟信号 CP 计数，以得到 N。

② 译码、显示电路：要求在每次测量结束并稳定后才显示，测量期间输出结果是跳变的，要求消隐，需要输入一个消隐控制信号来实现。

（2）时基信号产生电路（原理图如图 3-25 所示）。

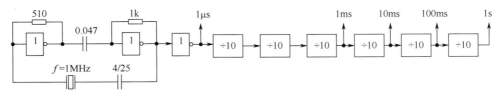

图 3-25　时基信号产生电路原理图

① 晶体振荡器：基准时间的稳定度决定着测量的精度，因此应当采用频率稳定度非常好的晶体振荡器，一般其串联谐振频率都在兆赫级以上，故应进行分频处理。为便于

计算，采用 1MHz（即周期为 1μs）的晶振。

② 六级 10 分频器：由设计要求，量程分为 4 挡：9.999kHz、99.99kHz、999.9kHz、9999kHz，由 $f_x=N/T$ 可知，对应时基信号应该分别为 1s、100ms、10ms、1ms。为满足不同量程的需要，须从 1μs 信号分频得到 1s 信号，可知应通过六级 10 分频器才能得到。

（3）量程转换电路。

① 量程转换开关、防抖动处理及四进制计数器：设计要求只用一个按钮开关转换量程，而量程共有 4 挡，对应 4 种状态，这与课题 1 的校时功能相似，可以采用与课题 1 相同的方法实现。

② 四选一数据选择器：按照四进制计数器的状态不同，将分频得到的时基信号（1s、100ms、10ms、1ms 之一）输出到门控双稳态触发器，以得到测量的基准时间。

③ 数据分配器：设计要求显示数据小数点的位置跟随量程变更而自动移位，因此须控制显示器的小数点端，可采用数据分配器实现。若选择低电平有效的 74LS138 译码器来实现，其输出信号与小数点对电平信号的要求不一致，须接反相器才行，但这样电路将更复杂。因此可选用高电平有效的译码器，或用门电路实现，请读者自行设计。要注意 4 挡量程对应 4 个小数点位置的电路要正确连接，不要接反。

（4）控制电路（如图 3-26 所示）及控制关系时序（如图 3-27 所示）。

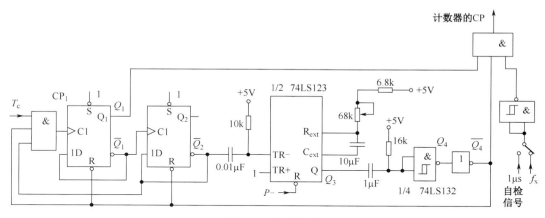

图 3-26　控制电路

① 整形电路：要求被测信号为方波或正弦波，且不要求设置放大器，可利用施密特触发器进行整形，将不规则信号或正弦波整形为方波。具体实现的方法有很多，可用 555 定时器构成的施密特触发器、门电路组成的施密特触发器实现，更简单的，可选用集成施密特触发器 74LS132 实现。

② 信号与门：被测信号 f_x 经过整形电路送至与门的输入端，由与逻辑可知，只有当其他信号（门控双稳态触发器的输出 Q_1、复位单稳态触发器的输出 $\overline{Q_4}$）都为 1 时，它才能被送至计数器的 CP 端进行计数，可知与门实现对被测信号选择性通过的控制。

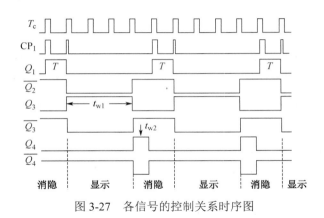

图 3-27　各信号的控制关系时序图

③ 门控双稳态触发器（Q_1）：由测量原理可知，被测信号应只在时基脉冲信号 T_c 的周期 T 内通过，T_c 不适宜直接送至信号与门，应该利用此信号进行 2 分频，得到一个时间长度为 T 的高电平，即得到门控双稳态触发器的输出 Q_1。

④ 封锁双稳态触发器（Q_2）：当 Q_1 从高电平变为低电平，即计数器在时间 T 内完成一次计数后，应该将所测数据保留下来，送至显示器稳定输出。在数据显示期间，应封锁时基脉冲信号 T_c，使其禁止门控双稳态触发器的输出 Q_1 再次变成高电平，即封锁计数器的 CP 端，使其数据保持。

⑤ 显示时间单稳态触发器（Q_3）：为了便于读数，应使计数器累计的数值保留一段时间，该时间在 0.5～5s 范围内连续可调，因此设计一个单稳态触发器以产生相应的时间延迟。由于延迟的时间较长，应合理选择 RC 电路的时间常数。由于要求时间连续可调，R 应选择电位器实现。

⑥ 复位单稳态触发器（Q_4）：当显示结束后，应产生一个复位信号，使所有的计数器置 0，封锁双稳态触发器复位，从而使电路恢复到准备状态，等待下一次测量。当封锁双稳态触发器复位时，它对门控双稳态触发器的封锁就会解除，此时可利用复位单稳态触发器的信号去封锁信号与门，以便在自动测量时使各部分完全恢复后，再次选通被测信号，进行下一次测量。

⑦ 自检开关电路：为检验电路的测量准确性，可将作为时间基准的晶振信号或其分频信号作为被测信号，对其进行测量。

⑧ 复位开关电路：在任何时候，都可利用开关控制复位。该开关信号应使复位单稳态触发器输出复位信号。

4．安装调试的步骤与方法

安装完一部分单元电路后，应先调试该单元电路功能，确认正常后再与其他单元电路连接起来联调，最后统调。建议按以下步骤进行安装和调试。

（1）主电路。

① 译码、显示电路：将各数码管的小数点输入端暂时不接，将各译码器的灭灯输入端先暂时设为无效状态，使电路能够正常显示。

② 四个十进制计数器：将实验仪上的连续脉冲（方波）信号接至计数器的 CP 端，当四个十进制计数器分别调试正常后，将其连接起来，使之实现一万进制计数。应特别注意各位进位是否正常。再将各计数器的异步置 0 端连在一起，暂时接地，观察能否实现置全 0。

可利用示波器和 LED 电平指示灯观察频率输出是否正确。

（2）量程转换电路。

① 量程转换开关、防抖动处理及四进制计数器：参照课题 1 相关内容。

② 四选一数据选择器：反复按动量程转换开关，利用示波器和 LED 电平指示灯观察是否依次得到 1s、100ms、10ms、1ms 时基信号。

③ 数据分配器：将数据分配器的输出信号分别接 4 个数码管的小数点输入端，按量程转换开关，观察小数点是否跟随量程变更而移位。要注意 4 挡量程对应 4 个小数点位置的电路接线要正确，不要接反。当选择时基信号为 1s 时，对应量程应为 9.999kHz，依此类推。

（3）控制电路。

① 被测信号放大整形电路：为便于调试，可自行设计一个频率可调的正弦波信号发生器，将其输出的信号，作为被测信号。也可以直接利用实验仪的连续脉冲（方波）信号作为被测信号。可利用示波器观察施密特触发器是否实现了波形的整形。

② 信号与门、门控双稳态触发器、封锁双稳态触发器：由于这几个电路相互作用，因此须先将该部分电路连线全部接好再调试。将尚未实现的 $\overline{Q_4}$ 信号对应的输出端暂时悬空，观察计数器是否能够对被测信号计数。此时还没有进行显示时间延迟处理，如无意外应该可以观察到计数器状态不停地跳变，无法正确读数。

③ 显示时间单稳态触发器、复位单稳态触发器：先单独调试该部分电路，可用 LED 电平指示灯观察其输出信号，确认正确后将其与其他电路连接，当该部分电路接线完成后，如无意外应该能够得到设计要求的显示结果。

④ 自检开关电路：将自检开关拨至自检位置，将晶振输出的 1μs 时基信号作为自检信号，将量程调至 9999kHz 挡，应该得到 1000kHz（即 1MHz）左右的测量结果。

⑤ 复位开关电路：可利用实验仪上的单脉冲信号作为复位信号。

5. 讨论

（1）若要求显示的位数为 6 位，测量的量程为 6 挡，应如何改进电路？

（2）若要求显示的时间可由手控开关控制，即增加一个开关，当开关接通时，按所设定的延迟时间自动进行测量和显示；当开关断开时，只显示一次测量的结果，由复位开关启动下一次的测量。试设计相关电路图。

（3）试用 CMOS 型数字集成电路实现本课题设计方案，并与 TTL 型数字集成电路实现的电路比较：主要的差异是什么？各自的优缺点是什么？

3.3.4　课题 4　智力竞赛抢答器

1．任务和要求

（1）抢答器能供 8 名选手同时使用，相应的编号为 1～8，为每名选手设置一个按键，为简化设计，可利用实验仪上的逻辑电平开关模拟按键。

（2）设置一个供工作人员置 0 的开关，用于启动新一轮的抢答，为简化设计，可利用实验仪上的逻辑电平开关模拟开关。

（3）用 LED 数码管显示获得抢答权的选手的编号，一直保持到工作人员置 0 或 1min 倒计时（答题时间）结束为止。

（4）用 LED 数码管显示有效抢答后的 1min 倒计时。

（5）用扬声器发声指示有效抢答及答题时间结束。

（6）对于秒信号不必考虑时间精度，可利用实验仪提供的连续脉冲（方波）信号。

2．原理框图

根据设计任务与要求，可初步将系统分为四大功能模块：主电路、数据采集电路、控制电路和音响电路。主电路包括六十进制计数器及译码、显示电路（实现 1min 倒计时）。其他部分进一步细分，数据采集电路（获得抢答成功选手的编号）可分为抢答开关、数据锁存器、优先编码器、加 1 电路等；控制电路可分为锁存控制、倒计时控制、音响控制等单元；音响电路可分为单稳态触发器、音振及扬声器电路。这样把总体电路划分为若干相对独立的单元。参考原理框图如图 3-28 所示。

3．设计原理及参考电路

下面就几个单元电路的设计思想进行讨论。

（1）主电路。

① 六十进制计数器（实现 1min 倒计时）：要求采用倒计时，可先置数为"60"，当置数信号变为无效、时钟信号有效加入后，即可进行倒计时计数，参考电路如图 3-29 所示。

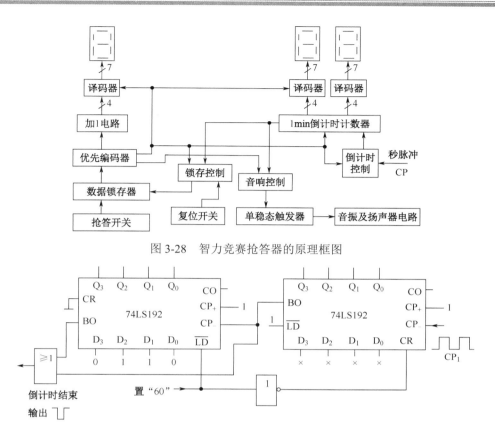

图 3-28　智力竞赛抢答器的原理框图

图 3-29　1min 倒计时计数器

② 译码、显示电路：参考课题 1 相关论述。有所区别之处在于，本电路中所有的译码、显示功能只在有效抢答之后及答题时间结束之前才有效，其他时间均不起作用，因此应利用一低电平有效控制信号去控制译码器的"灭灯"功能端。

（2）数据采集电路（如图 3-30 所示）。

① 抢答开关：为 8 位选手提供抢答的按键，应为 8 个按钮开关更为合理，这样可以在松开按钮后及时复位，为下次抢答做好准备。但为节约综合实训的经费和简化设计，可以利用实验仪上的 8 个逻辑电平开关模拟，代替按钮开关。根据编码器对输入有效信号的要求，设 8 个逻辑电平开关的初始值为全"1"，当某选手抢答时，即将逻辑电平开关拨至"0"，该逻辑电平开关输出逻辑"0"。为了使下次抢答有效进行，调试时应注意，应在将逻辑电平开关拨至"0"后及时将其拨回初始值"1"。

② 数据锁存电路：采用八 D 数据锁存器 74LS373，抢答前应使锁存允许输入信号 LE 为高电平，此时允许数据输入，即允许选手进行抢答；当某选手有效抢答时，应利用控制电路使 LE 转为低电平，使数据被锁存，此时其他选手再抢答也无效了。

③ 优先编码器：采用 8 线—3 线优先编码器 74LS148。虽然 74LS148 的 8 个输入是有优先级别的，但由于采用了高速控制电路，一旦有人抢答，立即封锁输入，实际上对

8 位选手来说就不存在谁更优先的问题了。虽然理论上有同时出现两人按键的情况，此时要按优先级别高低进行编码，但实际中基本不可能出现这种理论情况，各选手的抢答或多或少都会有一个时间差，而这个时间差已足够使电路执行选择。

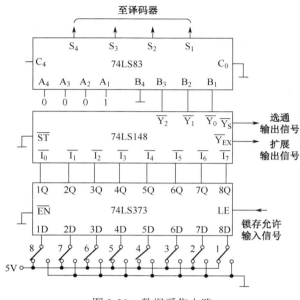

图 3-30　数据采集电路

因 74LS148 为反码输出，所以将数据锁存器的数据输入端与选手抢答开关按与编号相反的顺序连接，这样反码输出后数据输入端就与选手编号顺序一致了。

控制电路将充分利用 74LS148 的两个输出信号进行控制：选通输出信号 $\overline{Y}_S$（低电平有效时，表示允许优先编码但无有效数据输入）和扩展输出信号 $\overline{Y}_{EX}$（又称为优先编码输出信号，低电平有效时，表示处于系统优先编码状态）。

④ 加 1 电路（获得抢答成功选手的编号）：因优先编码器的反码输出对应三位二进制数 000～111，若将其直接输出至 8421 BCD 码显示译码器，将显示数字 0～7，这不符合选手的编号习惯，须加 1，以上操作可采用四位二进制加法器 74LS83 实现。

（3）控制电路如图 3-31 所示。

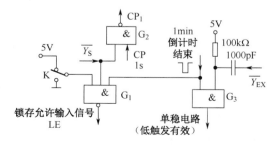

图 3-31　控制电路

① 锁存控制：由 G_1 实现。当允许抢答时，由裁判将开关 K 拨至 0（复位）后，G_1 输出 1 至锁存器的锁存允许输入端 LE，当无人按键时，$\overline{Y_S} = 0$；再将 K 拨至 1；G_1 将继续输出 1，直至有人抢答后，$\overline{Y_S} = 1$，使 G_1 输出 0，将数据锁存。

② 倒计时控制：有人抢答后，$\overline{Y_S} = 1$，通过 G_2 使秒脉冲信号解除封锁，开始倒计时。当 1min 倒计时结束时，电路将产生一个负脉冲，使 G_1 输出 1，重新允许接收新的数据，若此时无人按键，$\overline{Y_S} = 0$，使 G_1 输出 1，继续允许接收新数据。

③ 音响控制：要求有人抢答后（$\overline{Y}_{EX} = 0$）或者当 1min 倒计时结束时（产生一个负脉冲），电路以音响提示。由于二者都是低电平有效的，故采用"与"逻辑实现，G_3 可使其低电平有效信号加至一单稳电路，以控制发声。

下级单稳电路要求低电平触发信号的脉冲宽度不能超过输出脉宽，因此令 $\overline{Y}_{EX} = 0$ 信号通过微分电路，使其低电平变成一个负脉冲。应合理选择 RC 电路的时间常数，原则参考课题 1 相关论述。

（4）音响电路如图 3-32 所示。

① 单稳态触发器：设音响提示时间为 2s，可采用一输出信号脉宽为 2s 的单稳态触发器实现。

实现单稳态触发器的方法有很多，可以用"与非门"或者"或非门"电路实现微分型单稳态触发器，利用施密特触发器实现单稳态触发器、集成单稳态触发器等，本课题建议采用 555 定时器实现，注意其脉宽的计算公式为 $t_w = 1.1RC$。当一个负脉冲触发信号到来，将有效触发单稳态触发器，产生一个脉宽为 2s 的正脉冲信号。

② 音振及扬声器电路：利用 555 定时器实现频率约 1kHz 的音频振荡器，因 555 定时器有较强的功率输出能力，可以直接驱动扬声器进行输出。

当单稳态触发器进入暂稳态产生一个正脉冲信号时，控制 555 定时器开始工作，发出响声；当单稳态触发器自动返回稳态后，555 定时器置 0，不能发声。

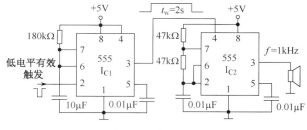

图 3-32　音响电路

4．安装调试的步骤与方法

安装完一部分单元电路后，应先调试该单元电路功能，确定正常后再与其他单元电路连接起来联调，最后统调。建议按以下步骤进行安装和调试。

（1）主电路。

① 译码、显示电路：参考课题 1 相关内容。

② 六十进制计数器（实现 1min 倒计时）：利用实验仪上的逻辑电平开关产生暂时的置数信号，观察是否能够实现置数"60"的功能。再将置数信号置于无效状态，将实验仪上的低频连续脉冲（方波）信号直接加到计数器的时钟输入端，观察计数器是否实现六十进制减计数。当计数值减至"00"时，利用实验仪上的 LED 逻辑电平指示器，观察是否产生了一个负脉冲控制信号。

（2）数据采集电路。

① 数据锁存电路：将实验仪上的 8 个逻辑电平开关（将其正确编号）接至数据锁存器的 8 个输入端（注意顺序），将其数据锁存允许输入端 LE 暂时接高电平，用实验仪上的 LED 逻辑电平指示器观察数据是否被正确接收。再将 LE 端暂时接低电平，然后改变输入逻辑电平开关的状态，观察输出状态，若输出保持不变，表明数据被锁存。

② 优先编码器：利用实验仪上的 LED 逻辑电平指示器，观察三个输出信号 $\overline{Y_2}$ $\overline{Y_1}$ $\overline{Y_0}$、选通输出信号 $\overline{Y_S}$ 和扩展输出信号 $\overline{Y}_{EX}$ 在不同情况下的状态是否正确，可按功能表进行测试。无人抢答时，应有 $\overline{Y_S}=0$、$\overline{Y}_{EX}=1$、$\overline{Y_2}\,\overline{Y_1}\,\overline{Y_0}=111$，3 号选手抢答成功时，应有 $\overline{Y_S}=1$、$\overline{Y}_{EX}=0$、$\overline{Y_2}\,\overline{Y_1}\,\overline{Y_0}=010$。

③ 加 1 电路：通过加 1 的修正，当 3 号选手抢答成功时，应有 $S_4S_3S_2S_1=0011$。

将加 1 电路的输出端接至显示译码器，将 $\overline{Y_S}$ 信号输入显示译码器的灭灯控制端，观察抢答前是否无显示（灭灯），当 3 号选手抢答成功时，是否显示"3"。

（3）控制电路。

由于控制电路的接线并不复杂，可将该单元电路全部接好后统一调试。

① 倒计时控制：当某选手抢答成功后，观察是否开始倒计时。

② 锁存控制：确认当某选手抢答成功后，在倒计时期间，其他选手不能够有效抢答，即数据已被锁存。裁判将开关 K 拨至 0 后再拨回 1，观察是否总能在任意时刻重新允许抢答。当计时器中数值减至"00"时，观察电路是否产生一个负脉冲输出信号（用实验仪上的 LED 逻辑电平指示器查看），同时是否允许开始新一轮的抢答。

③ 音响控制：观察当某一选手抢答成功后，或者当计时器中数值减至"00"时，是否产生一个负脉冲输出信号（用实验仪上的 LED 逻辑电平指示器查看）。

（4）音响电路。

① 单稳态触发器：先单独装调单稳态触发器，将其输出端暂时接实验仪的 LED 逻辑电平指示器，利用实验仪上的单脉冲信号在输入端产生一个负脉冲信号，观察是否产生一个脉宽约 2s 的正脉冲信号。

② 音振及扬声器电路：先单独装调音频振荡器，接好后用扬声器检查其能否正确

发声。

将所有电路全部连好进行统调，并进行以下测试：

当计时值减至"00"时，电路是否能以音响提示。

抢答开始前，所有选手的开关均置"1"，准备抢答。由裁判将开关 K 置"0"，再将 K 置"1"，使所有信号复位，允许抢答。当 3 号选手抢答成功时，数码管是否显示"3"，音响是否发出时长为 2s 的声响并且开始倒计时，在此期间其他选手按键是否无效。

当计时值减至"00"时，是否有音响提示；此后系统是否能自动返回初始状态，允许新一轮抢答。

重复以上的内容，改变任意一个选手对应的开关状态，试着同时按几个键（其实不可能严格意义上同时按键），观察抢答器的工作情况是否正常。

5．讨论

（1）若要求不用数码管指示选手的编号，而是每个选手对应一个 LED 指示灯，试设计相关电路，要求简单可行。

（2）若在倒计时期间不是用数码管指示倒计时的时间，而是用若干个 LED 依次点亮来表示时间的流逝，当 LED 全部被点亮表示倒计时时间到，试设计相关电路。

（3）实现单稳态触发器的方法有很多，试用与非门实现微分型单稳态触发器，用或非门实现微分型单稳态触发器，利用施密特触发器实现单稳态触发器、集成单稳态触发器，画出设计电路图，并且列出其脉冲宽度计算公式。

附录 A　数字逻辑实验仪

　　下面以 DLE-3 型数字逻辑实验仪为例，介绍数字逻辑实验仪（以下简称实验仪）基本功能。附图 A-1 为实验仪面板结构示意图和实物图，整个面板分成三部分：多孔实验插座板部分、操作板部分、多路电源部分。由于这三部分组合在一块面板上，使实验时电源线、各种信号线与多孔实验插座板上实验电路的连接方便、可靠。

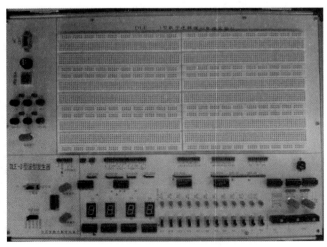

附图 A-1　实验仪面板结构示意图和实物图

现将各部分介绍如下。

附 A.1　多孔实验插座板部分

实验仪的主体部分是用于元器件布局和连线的接线板，常采用多孔实验插座板，俗称"面包板"；也有采用一种锁紧式接插件的，包括插孔和连线两部分，插孔固定在板上，并与集成电路插座的一个引脚相连，连线两端采用封闭式焊接的专用插头，将其轻轻插入插孔就能可靠地把所需电路部分连接起来。本实验仪采用多孔实验插座板。

多孔实验插座板的结构如附图 A-2 所示。它由两排 64 列弹性接触簧片组成，每个簧片有 5 个插孔，这些插孔在电气上是互连的。插孔之间及簧片之间的距离均为双列直插式集成电路的标准间距，因此多孔实验插座板适合插入各种双列直插式集成电路，亦可插入引脚直径为 0.5～0.6mm 的任何元器件。当集成电路插入两行簧片之间时，空余的插孔可用于集成电路各引脚的输入、输出或互连。上下各两排插孔是供接入电源线及地线用的。每行共有 5×10 个插孔。每半行插孔之间相互连通，这对于需要多电源供电的实验提供了很大的方便。本实验仪具有 6 块 128 线多孔实验插座板，每块多孔实验插座板可插入 8 块 14 脚或 16 脚双列直插式集成电路。

注意：电路连线一定要用硬接线（Φ0.5～0.6mm 单芯塑料导线）。

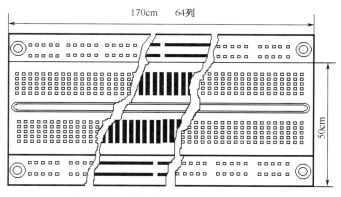

附图 A-2　多孔实验插座板结构示意图

附 A.2　操作板部分

在多孔实验插座板的下面是操作板部分，提供各种显示方式（BCD 码数码显示、逻辑电平显示）和多种信号源（逻辑电平开关、单脉冲、低/高频连续脉冲、正弦波），基本不需要借助其他仪器即可满足数字逻辑电路静态功能测试的实验要求。操作板部分的内部电源电路已连通,使用时接入220V电源,打开电源开关,各部分就可工作。

操作板部分包括信号输入/输出插孔和与之相对应的显示元器件、操作开关/旋钮、短路器及内部电路。除逻辑笔电源和电位器组 W_1、W_2 外,其他的输入/输出信号都在多孔实验插座板下面的一横排双立插孔(附图 A-3)上进行连接。

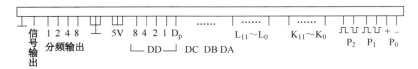

附图 A-3　信号的输入/输出双立插孔示意图

现将操作板部分依次介绍如下。

1. 逻辑笔电源

在操作板上最右边的插孔是“逻辑笔电源”,可作为TTL逻辑脉冲测试笔的备用电源。

2. 电位器组 W_1、W_2

在逻辑笔电源的下部,配备了一组电位器 W_1(1kΩ)、W_2(47kΩ)。它们是未与其他电路连接的独立元器件,以备进行电路实验、调试时灵活使用。每个元器件的引线端均已连接到与元器件符号相对应的单列插孔上。电位器的阻值可根据实验需要进行调整。

3. 3组单脉冲发生器 P_0、P_1、P_2(电路如附图 A-4 所示)

在信号输入/输出双立插孔右边,标有“P_0”符号的插孔是正、负单窄脉冲的输出孔,其电路由基本RS触发器和微分型单稳态触发电路组成。当按下按钮“P_0”时,可在 P_+、P_-端同时产生脉宽不大于 0.3μs 的正极性和负极性单窄脉冲。

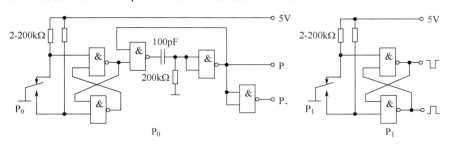

附图 A-4　单次脉冲发生器电路图

标有“P_2”“P_1”符号的插孔是正、负单脉冲的输出孔,其电路由基本RS触发器组成。当按、放一次按钮"P_1"时，可在 P $\sqcap$、P$\sqcup$ 端同时产生正极性和负极性单脉冲，即按下按钮时，输出从一种状态变为另一状态（如正脉冲 0→1，负脉冲 1→0），当松开按钮时，输出自动回到原来的状态。P_2 的工作原理与 P_1 相同。

由于采用了防抖动电路，输出电平是无机械触点抖动的，可在时序逻辑电路中作为时钟信号使用。

4. 12 位逻辑电平开关 $K_0 \sim K_{11}$（电路如附图 A-5 所示）

在信号输入/输出双立插孔部分，标有 $K_0 \sim K_{11}$ 符号的插孔分别提供 12 位逻辑电平输出，其操作部分安装在操作板的下部，由 12 个钮子开关组成。

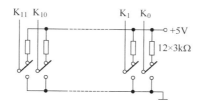

附图 A-5　12 位逻辑电平开关电路图

开关往上拨时，对应的插孔输出高电平"1"；开关往下拨时，输出低电平"0"。

注意：由于机械接触抖动（或反弹），往往在几十毫秒内会使输出电平出现多次抖动，该信号不宜作为时钟信号，只用于提供静态的逻辑电平 0 或 1。

5. 12 位逻辑电平显示器 $L_0 \sim L_{11}$（电路如附图 A-6 所示）

在信号输入/输出双立插孔部分，标有 $L_0 \sim L_{11}$ 符号的插孔分别允许输入 12 位逻辑电平信号。对应的逻辑电平显示器安装在操作板的中间部位，由带驱动电路（CD4009 六反相器）的发光二极管组成。

当输入信号为高电平时，对应的发光二极管亮，表示逻辑"1"；当输入信号为低电平时，发光二极管不亮，表示逻辑"0"。

注意：无输入信号（即输入端悬空）时发光二极管也不亮。

6. 4 位带驱动的七段译码显示器 DA、DB、DC、DD（电路如附图 A-6 所示）

在信号输入/输出双立插孔部分，标有"DA""DB""DC""DD"符号的插孔分别允许输入 4 位十进制数信号，每一位十进制数的小数点及 8421BCD 码电平信号分别由标有"D_P""1""2""4""8"符号的插孔输入。译码显示器安装在操作板的左边，由 4 个 LED 数码管组成。

若向 DD 位的"1""2""4""8"插孔输入 8421BCD 码（须注意高低位顺序）信号，

通过 CD4511 译码后，DD 位对应的数码管就显示 1 位十进制数字。DC、DB、DA 的工作原理与 DD 相同。

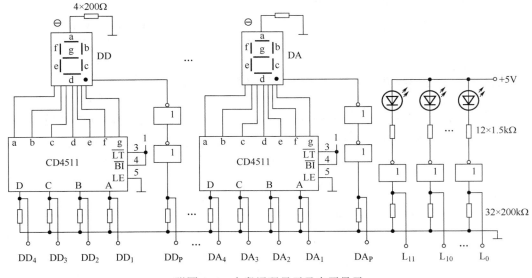

附图 A-6   七段译码显示及电平显示

7．5V 电源输出

在信号输入/输出双立插孔部分，标有"5V"符号的插孔输出 5V 电压，标有"⊥"符号的插孔用于接地。在多孔实验插座板上搭接电路时，电源线和地线可分别接上述两插孔。

8．方波、三角波、正弦波信号输出（电路如附图 A-7 所示）

在信号输入/输出双立插孔的左边，是"分频输出 8、4、2、1"插孔，可输出方波、三角波、正弦波信号。通过操作转换开关可选择所需要的信号波形，输出频率为 2Hz～200kHz。通过下面的"频率分挡"（粗调）、"频率调节"（细调）和"幅值调节"旋钮来选择所需要的频率和幅度。频率分挡利用短路器插入标有频率范围所对应的上下两排插孔来实现，共分为 5 挡：2～20Hz、20～200Hz、0.2～2kHz、2～20kHz、20～200kHz。

当转换开关置于方波位置时，"分频输出 8、4、2、1"插孔分别输出对主频信号 8、4、2、1 分频的方波信号。

注意：在使用分频输出信号时，幅值调节旋钮应调在最大位置。

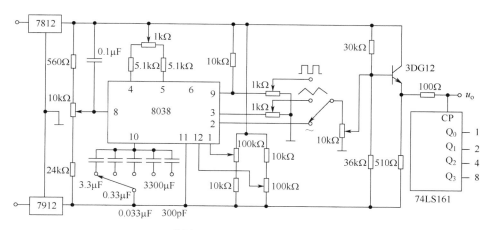

附图 A-7　信号发生分频电路

附 A.3　多路电源部分

为配合数字逻辑、模拟电路实验的需要，本实验仪配置了 4 路直流稳压电源：2 路 ±5V 固定电压电源；2 路 ±（10～15）V 连续可调跟踪式电源，此电源也是运算放大器等需要正、负电源的电路的理想电源。

在做实验时，4 路电源分别用箱内配备的专用线引出，+5V 电源和地线也可接输入/输出双立插孔板左边标有"+5V""⊥"符号的插孔。

注意：在使用中电源电压不允许超过额定值，极性不能接反，否则会损坏集成电路，甚至损坏实验仪内的电路。

4 路电源的技术指标如下：

输出电压/电流	+5V 电源	±0.2V	≥1.5A	短路自动保护
	-5V 电源	±0.2V	≥0.3A	短路自动保护
	±（10～15）V 跟踪式电源	±0.1V	≥0.3A	短路自动保护
电网调整率	≤15mV（峰峰值，外电网电压 220V±10%）			
负载调整率	2%（负载从 0 至满载）			

附录 B　双踪示波器与数字万用表使用简介

附 B.1　XJ4328 型双踪示波器

1. 概述

XJ4328 型双踪示波器是一种便携式通用示波器,其前面板控件分布如附图 B-1 所示。

本仪器为普遍适用的宽频带脉冲示波器,它的频带宽度为 0～20MHz(DC)、10Hz～20MHz(AC),因此可用于通信、物理、机械、化学、电子等领域的定性、定量测量。

本仪器具有两个独立通道,能同时观察和测量两种不同电信号的瞬间过程,它不仅可以在屏幕上显示两种不同的电信号,以供对比、分析和研究,而且可以显示信号叠加后的波形,此仪器还可以任意选择某通道独立工作,进行单踪显示。

此仪器可产生频率为 1kHz、幅度为 $0.2V_{P-P}$ 的探极校准信号,可供仪器内部校准。

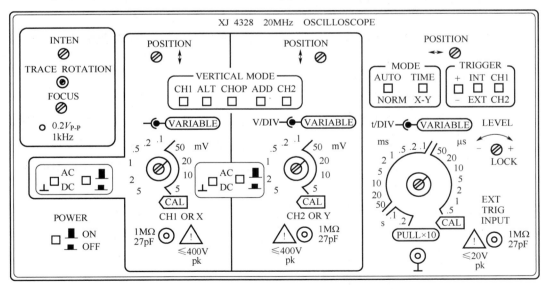

附图 B-1　XJ4328 型双踪示波器前面板控件分布图

2．面板上各控件的作用

1）显示部分

（1）"POWER"（电源开关）：控制仪器的总电源开关，当开关接通后，指示灯亮，表示已接通电源。

（2）"INTEN"（辉度电位器）：用于调节波形或光点的亮度，顺时针转动时，亮度增加，逆时针转动时，亮度减弱直至显示消失。

（3）"FOCUS"（聚焦电位器）：用于调节波形或光点的清晰度。

（4）探极校准信号输出：幅度为 $0.2V_{\text{P-P}}$、频率为 1kHz 的方波校准信号由此输出，用以校准灵敏度和扫描速度。

（5）"⊥"插座：作为仪器的接地装置。

2）垂直方向系统

（1）"VERTICAL MODE"（垂直方式开关）：此开关用以转换下列五种显示方式：

● "CH1"：单独显示 CH1 通道信号。

● "ALT"（交替）：两个通道信号交替显示，一般在频率较高时使用，因交替频率高，借助示波管的余辉在屏幕上能同时显示两个信号。

● "CHOP"（断续）：两个通道信号用打点的方法同时显示，一般在频率较低时使用，可避免两个信号不能同时显示的不足。

● "ADD"（相加）：显示两通道输入信号的叠加波形。

● "CH2"：单独显示 CH2 通道信号，当水平方式开关处于"X-Y"时，显示方式为 X-Y 方式。

（2）输入耦合开关"AC-⊥-DC"：

● "DC"：能观察到包括直流分量在内的输入信号。

● "AC"：能耦合交流分量，隔断输入信号中的直流成分。

● "⊥"：表示输入端内部接地，这时显示时基线，可检查地电位（或"0"电平）的显示位置，用于测试时参考。

（3）"V /DIV"灵敏度开关：灵敏度开关是选择垂直偏转因数的粗调装置，从 5mV/DIV～5V/DIV，分 10 挡。

（4）"VARIABLE"微调旋钮：可微调显示波形的幅度。将此旋钮沿顺时针方向旋到底，或听到"咔嚓"一声开关响时，为"CAL"校准位置，可按"V /DIV"灵敏度开关所指示的标称值读取被测信号的幅值。

（5）"POSITION ↑↓"垂直移位旋钮：调节此旋钮，可使被观察信号波形沿垂直方向移动。

（6）CH1 OR X 和 CH2 OR Y 输入插座：被测信号由此直接或经探头输入。其输入阻抗为 $1M\Omega \pm 5\%$，并联电容容值为 $27 \pm 5pF$，最大允许输入电压不大于 400V（直流 DC+交流 AC_P）。

3）水平方向系统

（1）"t/DIV" 扫描速度开关：选择扫描速度（屏幕上光点沿横轴方向移动的速度），$0.5\mu s/DIV \sim 0.2s/DIV$，共分 18 挡。

（2）"VARIABLE" 微调旋钮：可微调扫描速度。当将此旋钮沿顺时针方向旋到底，或听到"咔嚓"一声开关响时，为"CAL"校准位置，可按"t/DIV"扫描速度所指示的标称值读取被测信号的时间间隔。

（3）"PULL×10" 水平扩展开关：此开关为推拉式开关。推（按下）的位置是正常位置。当拉出时，扫描加速为原来的 10 倍，此时，水平方向每格代表的时间仅为扫描速度开关所标值的 1/10。

（4）"POSITION←→" 水平移位电位器：调节此旋钮，可使被观察信号波形沿水平方向移动。

（5）"LEVEL" 电平旋钮：用于选择输入信号波形的触发点，使之在需要的电平上触发扫描。当将此旋钮沿顺时针方向旋至"LOCK"锁定位置，触发点将自动处于被测波形的中心电平附近。

注："LEVEL"电平旋钮对波形的稳定显示有控制作用。

（6）"TRIGGER" 触发方式开关：

① 触发（同频）极性：

"+"：选择触发信号波形的上升沿部分进行触发，使扫描启动。

"−"：选择触发信号波形的下降沿部分进行触发，使扫描启动。

② 触发（同步）信号源：

"INT"内：扫描的触发信号为来自"CH1"或"CH2"通道被测信号。

"EXT"外：触发信号为来自"EXT TRIG INPUT"（外触发输入）的外部信号。

③ 内触发（同步）信号源（当选择"INT"时）：

"CH1"：扫描的触发信号取自 CH1 OR X 通道被测信号。

"CH2"：扫描的触发信号取自 CH2 OR Y 通道被测信号。

（7）"MODE" 扫描方式开关。

● "AUTO"（自动）：扫描处于自激状态，即使没有输入信号，也能见到扫描线。

● "NORM"（常态）：使用垂直通道或外接触发源作为输入信号进行触发扫描。

● "TIME"：时基显示。

● "X-Y"：配合垂直方式开关，使 CH2 处于 X-Y 状态。

（8）"EXT TRIG INPUT"（外触发输入插座）：用于连接外触发输入信号，其输入阻抗为 1MΩ±5%，并联电容容值为 27±5pF，最大输入电压不大于 20V（直流 DC+交流 AC$_p$）。

3．使用方法

1）使用示波器的基本步骤

接通电源后，一般先把各控制旋钮置于附表 B-1 所列的位置，找到扫描时的基线或光点，等待测试。具体操作步骤为：

（1）开机后令示波器处于正常等待测试状态：

① 首先调整"INTEN"、水平移位和垂直移位旋钮于中间位置。

② 扫描方式开关置于"AUTO"，触发源开关置于"INT"。

此时荧光屏上应显示出一条或两条扫描线（基线）或光点，调节该扫描线或光点，使之亮度适当，并将其移至荧光屏的中心位置。若光点很大或扫描线很粗，可进一步调节"FOCUS"旋钮，使光点变小或扫描线变细，提高清晰度。

（2）选择输入耦合方式：根据测量直流分量或交流分量的需要，确定"AC-⊥-DC"开关的位置。

（3）选择垂直方式：根据被测信号是单踪或双踪，决定"VERTICAL MODE"开关的位置。

①只观测单踪信号时，"VERTICAL MODE"开关应与触发信号源开关的位置一致。

②CH1 或 CH2 的显示极性由触发极性开关控制，当"VERTICAL MODE"开关置于"ADD"时，如果触发极性开关置于"−"，则可显示两路信号相减的结果。

（4）选择扫描速度"t/DIV"：通常扫描速度的选择是根据被测信号的周期和便于观测的周期个数确定的，有时为了观测上升时间不同的被测信号，也必须通过"t/DIV"开关选择适于观测的扫描速度。在定量测量时，扫描速度的微调旋钮必须置于"CAL"位置。

（5）选择垂直灵敏度"V/DIV"：根据被测信号的幅度，选择合适的垂直灵敏度开关位置。

附表 B-1　待测状态时各控制旋钮的位置

开关和旋钮名称	位　　置	开关和旋钮名称	位　　置
INTEN（辉度）	中间	LEVEL（电平）	中间
FOCUS（聚焦）	中间	VERTICAL MODE（垂直方式）	CH1
垂直方向位移	中间	MODE（扫描方式）：自动/常态	AUTO
水平方向位移	中间	MODE（扫描方式）：时基/X-Y	TIME
PULL×10（水平扩展）	推入	TRIGGER（触发极性）：+/−	+
AC-⊥-DC（输入耦合）	⊥	TRIGGER（触发源）：内/外	INT、CH1
t/DIV（扫描速度）	中间	V/DIV（垂直灵敏度）	中间

2）探头的使用

（1）使用探头的原因。

由于示波器的输入阻抗是被测电路的负载，因此当示波器接入被测电路时，就会对被测电路带来一定影响。这样，在屏幕上显示的波形就失去了本来面目，尤其是测量高频脉冲时，示波器的接入有时会带来不可接受的影响。合理使用探头可减小示波器对被测电路的影响。

（2）使用探头时的注意事项：

① 一般情况下，探头和示波器应配套使用，不能随意调换，否则将导致分压比误差增加或高频补偿不当，从而产生波形失真。

② 低电容探头的电容器应定期校正。

（3）探头的挡位：

① "×1" 挡，被测电压信号幅度无衰减。

② "×10" 挡，被测电压信号幅度衰减至原来的 1/10 后输入。

3）观察波形

以观察校准信号（频率为 1kHz，幅度为 $0.2V_{P-P}$）为例进行介绍。当示波器处于待测状态后，从 CH1 输入端加入被测校准信号。将 CH1 输入耦合开关置于 "AC" 位置，调节 "V/DIV" "t/DIV" 为 "50mV" "1ms"，并把 "VARIABLE" 旋钮转至 "CAL" 位置。此时屏幕上将显示幅度为 4 格（DIV）、周期为 1 格的方波，如附图 B-2 所示。

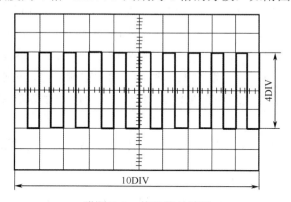

附图 B-2　校准信号波形

如将 "PULL×10" 水平扩展开关拉出，则此时屏幕上将显示幅度为 4 格、周期为 10 格的方波，说明校准信号的周期在水平方向上确实被扩展为原来的 10 倍。一般将 "PULL×10" 水平扩展开关推回原位。

在以上测量中，探头选择为 "×1" 挡。若选择 "×10" 挡，则输入信号的幅度被衰减至原来的 1/10，实际输入示波器的电压只有被测电压的 1/10，此时屏幕上将显示幅度为 0.4 格、周期为 1 格的方波。

4）电压的测量

（1）计算公式。

将灵敏度开关"V/DIV"的微调旋钮沿顺时针方向旋转到底（"CAL"位置）。选择适当的挡级，就可根据指示值按照下式算出被测的电压值：

$$U=V\times H$$

式中：V 为所选挡级，单位是 V/DIV；H 为被测电压在垂直方向上所占的格数，单位是 DIV。

例：令示波器灵敏度开关 V/DIV 的挡级为 0.2V/DIV，其微调旋钮位于"CAL"位置，此时，如果被测电压在方格坐标系的 Y 轴方向占 5 大格（5DIV），即 $H=5$，则此信号电压 $U=1V$，如附图 B-3 所示。

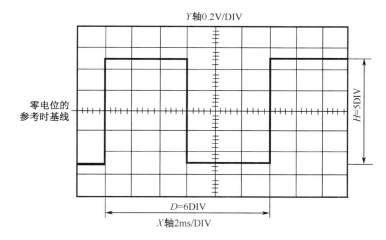

附图 B-3　电压测量和时间测量

如果经探头测量，将探头的衰减量（10 倍）计算在内，即要把灵敏度开关所指的示数乘以 10，即：

$$U=V\times H\times 10$$

在上例中，设面板上的开关位置不变，被测电压信号在方格坐标系中仍占 5 大格，则此信号电压为 10V。

（2）交流分量的测量。

当测量交流信号时，必须将输入耦合开关置于"AC"位置，以将被测信号的直流分量隔除，但是输入信号交流成分频率很低时，则应将输入耦合开关置于"DC"位置。

测量信号的交流分量，一般可按下述方法进行：

① 将波形移至屏幕中心位置，利用"V/DIV"开关把被测信号波形控制在屏幕有效观察范围内，把微调旋钮沿顺时针旋至"CAL"位置。

② 按坐标轴刻度读取整个波形所占的 Y 轴方向的格数，例如，假设示波器的挡级（V/DIV）为 0.2V/DIV，微调旋钮旋至"CAL"位置，此时，如果被测波形占 Y 轴方向的格数为 5 大格，则信号电压 $U=1V$，如附图 B-2 所示。

（3）直流电压的测量。

本设备可以很方便地作为电压表使用，测量直流电压的方法如下：

① 首先将触发方式开关置于"AUTO"，使扫描发生器工作在自激状态，屏幕上显示时基线。

② 再将输入耦合开关"AC-⊥-DC"置于"⊥"位置，通过垂直方向移位将时基线固定在荧光屏某一条适当横线上（一般为了读数方便，常使时基线的位置与厘米分格刻线度重合），此时显示的时基线就是零电位的参考基准线。

③ 将输入耦合开关置于"DC"位置，加入被测信号，观察时基线在 Y 轴方向产生的位移，此时"V/DIV"开关在面板上的指示值（微调旋钮应旋至"CAL"位置）与时基线在垂直方向位移格数的乘积即为被测量信号的直流电压值。

例：令示波器的挡级（V/DIV）为 0.2V/DIV，微调旋钮旋至"CAL"位置，输入耦合开关置于"⊥"位置，观察时基线的位置并将其移至屏幕的中心。然后将输入耦合开关由"⊥"位置转至"DC"位置，加入被测信号，此时可见低电平信号线位于时基线以下 2.5 格，则低电平信号的电压幅度为-0.5V；而高电平信号线位于时基线以上 2.5 格，则高电平信号的电压幅度为+0.5V，如附图 B-2 所示。

当被测信号电压较高时，应使用"×10"挡的探头（幅度衰减至原来的 1/10），此时实际电压值为示数的 10 倍。

5）时间间隔测量

将扫描速度开关"t/DIV"的微调旋钮沿顺时针方向转到底（"CAL"位置）。

首先根据水平方向的刻度（DIV）读出被测信号波形两点之间在水平方向上的距离 D，然后将其乘以扫描速度开关"t/DIV"所选择的挡位 S，就得到了所需测量的时间间隔 T。

$$T=S×D$$

例：在屏幕上观察到一个信号的周期（D）为 6 格（DIV），此时扫描速度开关"t/DIV"所选择的挡位为 2ms/DIV，则周期 $T=12ms$。由公式 $f=1/T$，可计算出被测信号的频率 $f≈83.3\,Hz$，如附图 B-2 所示。

如果将"PULL×10"水平扩展开关拉出，则相当于扫描速度变为原来的 10 倍，此时应将测得的时间间隔除以 10，即：

$$T=S×D/10$$

附 B.2 DT-830/831 型数字万用表

1. 概述

DT-830/831 型数字万用表是一种精密、灵敏、多功能且使用方便的万用表，由显示屏、量程转换开关和测试插孔等组成。DT-830/831 型数字万用表采用液晶显示，最高显示数值为 199 或 999（可调），且可自动调整极性。它可测量交流电压、交流电流、直流电压、直流电流、阻值、h_{FE}，以及用于测试二极管及开路，过载输入时显示 1 或-1，取样时间为 0.4s，内装 9V 干电池。

2. 主要技术指标

（1）DCV（直流电压）最大量程有 5 挡：200mV、2V、20V、200V、1000V。

（2）ACV（45～500Hz 交流电压）最大量程有 5 挡：200mV、2V、20V、200V、750V。

（3）DCA（直流电流）最大量程有 5 挡：200μA、2mA、20mA、200mA、10A。

（4）ACA（45～500Hz 交流电流）最大量程有 5 挡：200μA、2mA、20mA、200mA、10A。

（5）过载保护：0.5A（250V）熔断器。

（6）电阻测量最大量程有 5 挡：200Ω、2kΩ、20kΩ、200kΩ、20MΩ。

（7）h_{FE} 测量：0～1000（测试条件：U_{CE}＝2.8V，I_B＝10μA）。

（8）二极管及带声响的开路测试数据如附表 B-2 所示。

附表 B-2 开路测试

量　　程	测试电路电阻	分　辨　力	最大开路电压	最大测试电流
)))	≤20±10Ω	0.1Ω	1.5V	1 mA

3. 使用方法及注意事项

1）使用方法

（1）测量交、直流电压。

将黑色表笔插 COM 插孔，将红色表笔插 V/Ω 插孔，量程转换开关置于"ACV"或"DCV"位置，将电源开关置于"ON"，再将测试表笔接于测试点上，读出显示之数值。如果显示"1"，表示超过量程，应将量程转换开关置于更大量程（下同）。

（2）测量交、直流电流。

将黑色表笔插 COM 插孔，将红色表笔插 V/Ω 插孔，量程转换开关置于"ACA"或

"DCA"位置，将电源开关置于"ON"，再将测试表笔接于测试点上，读出显示之数值。当所测电流超过 200mA 时，将红色表笔接于"10A"点，把量程转换开关置于"10A"位置，读出显示之数值。

（3）测量电阻阻值。

将黑色表笔插 COM 插孔，将红色表笔插 V/Ω 插孔，量程转换开关置于"Ω"位置，将电源开关置于"ON"，再将测试表笔接于测试点上，读出显示之数值。如果被测电阻值超过了所选量程的最大值、开路或无输入时，显示器都显示"1"，应注意区别处理。

（4）检查二极管。

将黑色表笔插 COM 插孔，将红色表笔插 V/Ω 插孔，量程转换开关置于"━┤◀━"位置，将电源开关置于"ON"，测出二极管的正向压降和反向压降。一般正向压降介于 200mV～800mV，若二极管短路，则显示"000"。测反向压降时，如二极管是好的，将显示"1"。

（5）测量三极管的 h_{FE}。

在测量 NPN 型三极管时，选择"NPN"挡；测 PNP 型三极管时，选择"PNP"挡。将三极管的引脚 e、b、c 对应插入接点 E、B、C 上，将电源开关置于"ON"，则数字万用表将显示此三极管的 h_{FE} 值。

（6）对蜂鸣器进行开路检查。

将黑色表笔插 COM 插孔，将红色表笔插 V/Ω 插孔，量程转换开关置于" •)) "位置，将电源开关置于"ON"，再将测试表笔接于待测电路上，若被测电路阻值低于 20Ω 时，蜂鸣器发声，表明电路没有开路。

2）注意事项

（1）测量前要特别注意所测参数类型，量程转换开关应置于需要的挡位。千万不要用电流挡去测电压，否则将因电流过大而损坏数字万用表。

（2）在测量时注意每一测量范围及接点的最高估值，如不知被测参数范围，须将量程选择至最高挡，再根据实际示数旋至所需挡位。

（3）当显示"◀━"符号时，表示电池电量不足，须更换表内电池。更换电池时一定要关掉电源。测量完毕后应关掉电源，若长时间不用，应把表内电池取出。

附录 C　实验室常用数字电路元器件的型号、主要性能参数及功能

附 C.1　电阻器（含电位器）

1. 电阻器（含电位器）的型号命名法

电阻器（含电位器）的型号命名法如附表 C-1 所示。

附表 C-1　电阻器（含电位器）的型号命名法

第 一 部 分		第 二 部 分		第 三 部 分		第 四 部 分
用字母表示主称		用字母表示材料		用数字或字母表示分类		
符号	意义	符号	意义	符号	意义	
R	电阻器	T	碳膜	1/2	普通	
W	电位器	P	硼碳膜	3	超高频	
		U	硅碳膜	4	高阻	
		H	合成膜	5	高温	
		I	玻璃釉膜	7/ J	精密	
		J	金属膜（箔）	8①	高压或特殊函数	用数字
		Y	氧化膜	9	特殊	表示序号
		S	有机实芯	G	高功率	
		N	无机实芯	T	可调	
		X	线绕	X	小型	
		R	热敏	L	测量用	
		G	光敏	W	微调	
		M	压敏	D	多圈	
				H	合成膜	

① 第三部分中的"8"，对于电阻器表示"高压"，对于电位器表示"特殊函数"。

2．几种常用电阻器的特点

（1）碳膜电阻器：性能一般，成本低。

（2）金属膜电阻器：与碳膜电阻器相比，体积更小，各项性能更好，但成本较碳膜电阻器高。

（3）线绕电阻器：精确度很高，工作稳定可靠，耐热性能好，可用于大功率场合。

（4）电位器：具有三个引出端的可变电阻器，常用的有 WTX、WTH、WHJ、WS、WX、WHD 系列。根据用途的不同，薄膜电位器按轴旋转角度与实际阻值间的变化关系，可分为直线式、指数式、对数式三种。电位器可以带开关，也可以不带开关。

3．电阻器的主要性能指标

（1）额定功率：共分 19 个等级，常用的有以下几种：1/20W、1/8W、1/4W、1/2W、1W、2W、4W、5W。

（2）常用电阻器允许误差等级如附表 C-2 所示。

附表 C-2　常用电阻器允许误差等级

允　许　误　差	±0.5%	±1%	±2%	±5%	±10%	±20%
级　　　　别	005	01	02	Ⅰ	Ⅱ	Ⅲ

（3）常用电阻器标称系列。电阻器的阻值和误差一般都用数字标印在器身之上，但体积很小的电阻器和一些合成电阻器，其阻值和误差常以色环表示，色环的标注方法和颜色的意义如附表 C-3、附表 C-4 所示。

附表 C-3　色环的标注方法

4 道环	第 1、2 色环：有效数字	第 3 色环：乘以 10 的次方数	第 4 色环：允许误差
5 道环	第 1、2、3 色环：有效数字	第 4 色环：乘以 10 的次方数	第 5 色环：允许误差

附表 C-4　色环颜色的意义

颜　　色	黑	棕	红	橙	黄	绿	蓝	紫	灰	白	金	银	本色
代表数值	0	1	2	3	4	5	6	7	8	9			
代表倍数	1	10	10^2	10^3	10^4	10^5	10^6	10^7	10^8	10^9	10^{-1}	10^{-2}	
允许误差	±1%	±1%	±2%			±0.51%	±0.25%	±0.1%			±5%	±10%	±20%

任何固定式电阻器的标称值应符合附表 C-5 所列数值或附表 C-5 所列数值乘以 10^n，其中 n 为正整数或负整数。

附表 C-5　固定式电阻器标称系列值

允许误差	系列代号	系 列 值							
±5%	E24	1.0	1.1	1.2	1.3	1.5	1.6	1.8	2.0
		2.2	2.4	2.7	3.0	3.3	3.6	3.9	4.3
		4.7	5.1	5.6	6.2	6.8	7.5	8.2	9.1
±10%	E12	1.0	1.2	1.5	1.8	2.2	2.7	3.3	3.9
		4.7	5.6	6.8	8.2				
±20%	E6	1.0	1.5	2.2	3.3	4.7	6.8		

附 C.2　电容器

1. 电容器的型号命名法

电容器的型号命名示例如附表 C-6 所示。

附表 C-6　电容器的型号命名示例

第一部分		第二部分		第三部分		第四部分
用字母表示主称		用字母表示材料		用字母表示分类特征		用数字或字母表示序号
符号	意义	符号	意义	符号	意义	
C	电容器	C	瓷介	T	铁电	包括品种、尺寸代号、温度特性、直流工作电压、标称值、允许误差、标准代号
		I	玻璃釉	M	密封	
		O	玻璃膜	Y	高压	
		Y	云母	C	穿芯	
		V	云母纸	W	微调	
		Z	纸介	J	金属化	
		J	金属化纸介	X	小型	
		B	聚苯乙烯膜	S	独石	
		L	涤纶膜	D	低压	
		Q	漆膜			
		H	纸膜复合			
		D	铝电解			
		A	钽电解			
		G	金属电解			
		N	铌电解			
		T	钛电解			
		M	压敏			
		E	其他材料电解			

2. 常用电容器的种类和特点

（1）纸介电容器：体积小，电容量较大，固有电感和损耗也较大，宜用于低频场合。

（2）金属化纸介电容器：与纸介电容器相比，体积更小。

（3）薄膜电容器：主要包括涤纶膜和聚苯乙烯膜两种。涤纶膜电容器：介电常数较高，体积小，电容量大，适用于低频电路；聚苯乙烯膜电容器：介质损耗小，绝缘电阻大，温度系数较大，可用于高频电路。

（4）云母电容器：介质损耗小，绝缘电阻大，温度系数小，宜用于高频电路。

（5）瓷介电容器：可分为普通瓷介电容器和铁电瓷介电容器。普通瓷介电容器：体积小，电容量小，损耗小，耐热性能好，绝缘电阻大，可用于高频电路。铁电瓷介电容器：电容量较大，损耗较大，温度系数较大，宜用于低频电路。

（6）铝电解电容器：具有正负极性之分，电容量大，漏电流大，稳定性差，宜用于低频及电源滤波电路。

（7）钽、铌电解电容器：以氧化钽（铌）作为绝缘介质，其介电常数很高，因此体积小，电容量大，寿命长，漏电流小，工作温度范围大。

（8）微调电容器：两极板的间距、相对位置或面积可调，介质：空气、陶瓷、云母、薄膜等。

（9）可变电容器：由一组定片和一组动片组成，其容量随动片的转动而连续改变。介质通常有空气和聚苯乙烯两种，采用前者作为介质的可变电容器体积较大，损耗较小，可用于高频率场合。

3. 电容器的主要性能指标

1）电容量

电容量又称容量、容值，其常用单位是 μF（微法）和 pF（皮法）：$1\mu F = 10^{-6}F$，$1pF = 10^{-12}F$。

一般体积和容量较大的电容器用传统方式表示其容量，如"$1\mu F$"，也有的用数字标注容量。左起第 1、2 位数字表示容量的第 1、2 位数字，第 3 位数字表示乘以 10 的次方数，以 pF 为单位，如"103"表示 $10 \times 10^3 pF = 0.01\mu F$。

2）常用固定式电容器的标称容量系列及误差

常用固定式电容器的标称容量系列及误差如附表 C-7、附表 C-8 所示。

附表 C-7 常用固定式电容器的标称容量系列及误差

名 称	允许误差	容量范围	标称容量系列				
纸介		100pF～1μF	E6				
金属化纸介	Ⅰ Ⅱ		1	2	4	6	8
纸膜复合介质		1μF～100μF	10	15	20	30	50
低频有极性有机薄膜	Ⅲ		60	80	100		
高频非极性有机薄膜	Ⅰ		E24				
瓷介	Ⅱ		E12				
玻璃釉							
云母	Ⅲ		E6				
铝电解	Ⅱ Ⅲ						
钽电解		μF 级	E6				
铌电解	Ⅳ Ⅴ						
钛电解	Ⅵ						

附表 C-8 常用固定式电容器允许误差等级

允许误差	±1%	±2%	±5%	±10%	±20%	+20%～-30%	+50%～-20%	+100%～-10%
级 别	01	02	Ⅰ	Ⅱ	Ⅲ	Ⅳ	Ⅴ	Ⅵ

标称容量为表中数值或表中数值再乘以 10^n，其中 n 为正整数或负整数。

3）常用固定式电容器的直流工作电压系列

常用固定式电容器的直流工作电压系列如附表 C-9 所示。

附表 C-9 常用固定式电容器的直流工作电压系列/V

1.6	4	6.3	10	16	25	32*	40	50	63
100	125*	160	250	300*	400	450*	500	630	1000

注：1000V 以上至 6000V 还有 20 挡。有*者只限电解电容器专用。

附 C.3 常用数字集成电路型号及引脚排列图

1. 国产半导体集成电路型号命名法

国产半导体集成电路型号命名法如附表 C-10 所示。

2. 国际通用的 TTL/CMOS 数字集成电路命名法

54/74LSTTL 系列命名法：公司名称、型号前缀+74+LS+功能型号。

附表 C-10　国产半导体集成电路型号命名法

第零部分		第一部分		第二部分	第三部分		第四部分	
用字母表示元器件符合的国家标准		用字母表示元器件的类型		用数字和字母表示元器件的系列和品种代号	用字母表示元器件的工作温度范围/℃		用字母表示元器件的封装	
符号	意义	符号	意义	TTL 型元器件分为：	符号	意义	符号	意义
C	符合中国相关国家标准	T	TTL	54/74xxx ①	C	0～70	W	陶瓷扁平
		H	HTL	54/74Hxxx②	E	−45～85	B	塑料扁平
		E	ECL	54/74Lxxx③	R	−55～85	F	全封闭扁平
		C	CMOS	54/74Sxxx	M	−55～125	D	陶瓷直插
		F	线性放大器	54/74LSxxx④			P	塑料直插
		D	音响电视电路	CMOS 型元器件分为：			J	黑陶瓷直插
		W	稳压器	4000 系列			K	金属菱形
		J	接口电路	54/74HCxxx			T	金属圆形
				54/74HCTxxx				

54/74HC 及 54/74HCT 系列命名法：公司名称、产品型号前缀+74HC（T）+功能型号。

部分公司的名称及产品型号前缀具体如附表 C-11 所示。

附表 C-11　国际通用的 TTL/CMOS 数字集成电路主要生产公司和产品型号前缀

国　别	公　司　名　称	简　　称	型号前缀（**TTL/CMOS**）
美国	得克萨斯仪器公司	T.I	SN/TP
美国	摩托罗拉半导体公司	MOTA	MC/MC
美国	仙童公司	FSC	/F
美国	国家半导体公司	NSC	DM/CD
美国	美国无线电公司	RCA	/CD
美国	固态科学公司	SSS	/SCL
美国	特里达因公司	—	/MM
美国	哈里斯公司	HARRIS	/HD
日本	日立公司	NEC	HD/HD
日本	东芝公司	TOSI	/TC
日本	冲电气工业株式会社	TOSJ	/MSM
日本	日本电气公司	OKI	/µPD
日本	富士通公司	FUJITSU	/MB
加拿大	密特尔公司	—	/MD

3．常用集成电路型号及其引脚排列图

1）74LS 系列

74LS 系列如附图 C-1 所示。

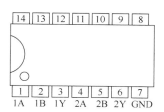

芯片俯视图（双列直插型）

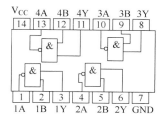

2 输入四与非门 74LS01（OC）

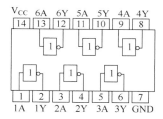

六反相器 74LS04/74LS05（OC）

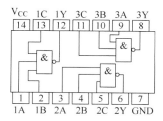

3 输入三与非门 74LS10/74LS12（OC）

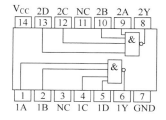

74LS20/74LS22(OC)/74LS40（功率输出）

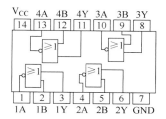

2 输入四与非门 74LS00

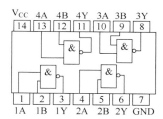

2 输入四或非门 74LS02

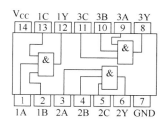

2 输入四与门 74LS08/74LS09（OC）

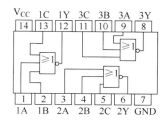

3 输入三与门 74LS11/74LS15（OC）

3 输入三或非门 74LS27

附图 C-1　74LS 系列

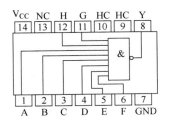

8 输入与非门 74LS30

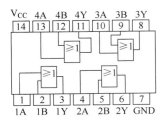

2 输入四或门 74LS32

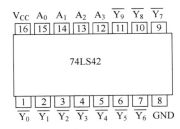

4-10 线 8421BCD 码译码器 74LS42

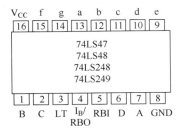

七段显示译码器 74LS47/74LS48/74LS248/74LS249

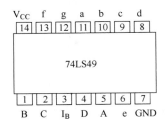

七段显示译码器 74LS49

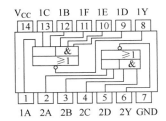

双与或非门 74LS51

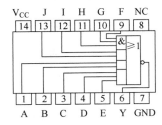

与或非门 74LS54

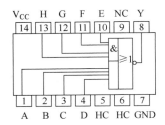

与或非门 74LS55

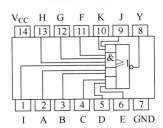

与或非门 74LS64

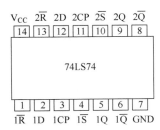

双 D 触发器 74LS74

附图 C-1　74LS 系列（续）

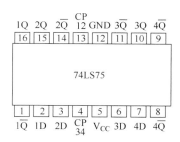

四 D 锁存器 74LS75

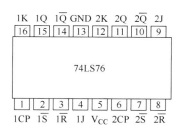

双 JK 触发器 74LS76

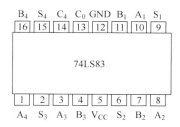

四位二进制全加器 74LS83

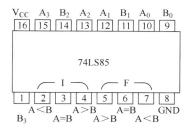

四位大小数比较器 74LS85

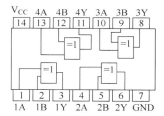

2 输入四异或门 74LS86/74LS136(OC)

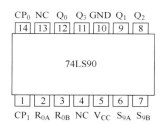

异步二—五进制计数器 74LS90

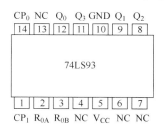

异步二—八进制计数器 74LS93

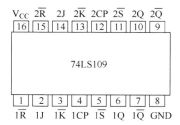

双 JK 触发器 74LS109

双 JK 触发器 74LS112

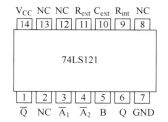

单稳态触发器 74LS121

附图 C-1　74LS 系列（续）

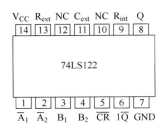

单稳态触发器 74LS122

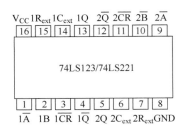

双单稳态触发器 74LS123/74LS221

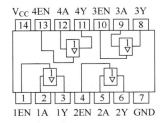

四总线缓冲器 74LS126

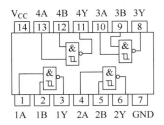

2 输入四与非门（施密特触发器）74LS132

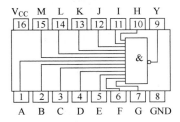

13 输入与非门 74LS133

3-8 线变量译码器 74LS138

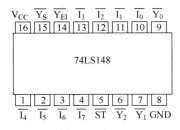

8-3 线优先编码器 74LS148

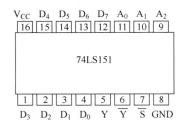

8 选 1 数据选择器 74LS151

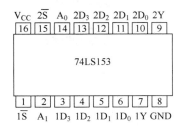

4 选 1 双数据选择器 74LS153

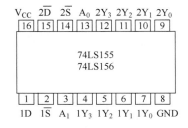

2-4 线双译码器/分配器 74LS155/74LS156(OC)

附图 C-1　74LS 系列（续）

2 选 1 四数据选择器 74LS157（同相）

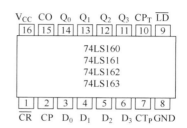

同步计数器 74LS160/74LS161/74LS162/74LS163

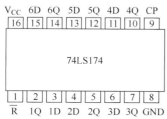

六 D 触发器 74LS174

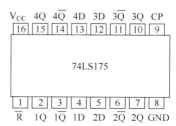

四 D 触发器 74LS175

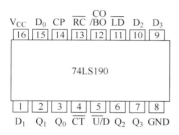

同步可逆十进制计数器 74LS190

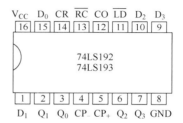

同步可逆计数器 74LS192/74LS193

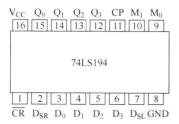

4 位双向移位寄存器 74LS194

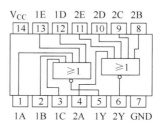

5 输入双或非门 74LS260

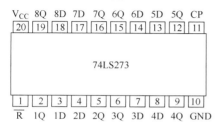

八 D 触发器 74LS273

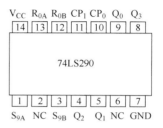

异步二—五进制计数器 74LS290

附图 C-1　74LS 系列（续）

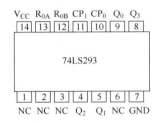

异步二─八进制计数器 74LS293

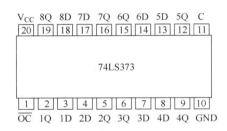

八 D 锁存器 74LS373（三态输出）

附图 C-1　74LS 系列（续）

2）CC40 系列

CC40 系列如附图 C-2 所示。

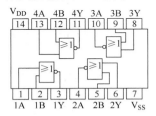

2 输入四或非门 CC4001

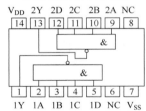

4 输入双与非门 CC4012

双 JK 主从触发器 CC4027

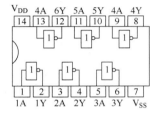

六反相器 CC4069/CC40106（施密特触发器）

2 输入四与非门 CC4011

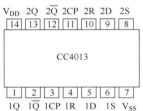

双 D 触发器 CC4013

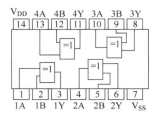

2 输入四异或门 CC4030/CC4070

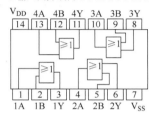

2 输入四或门 CC4071

附图 C-2　CC40 系列

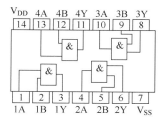

2 输入四与门 CC4081

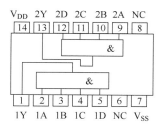

4 输入双与门 CC4082

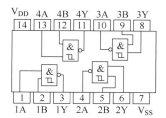

2 输入四与非门 CC4093（施密特触发器）

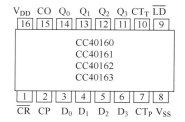

同步计数器 CC40160/CC40161/CC40162/CC40163

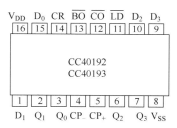

可逆计数器 CC40192/CC40193

附图 C-2　CC40 系列（续）

3）CC45 系列

CC45 系列如附图 C-3 所示。

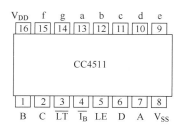

七段显示译码器 CC4511

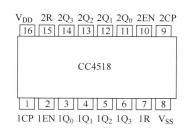

双 BCD 码同步加法计数器 CC4518

附图 C-3　CC45 系列

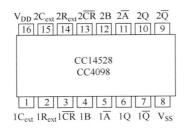

双可重触发单稳态触发器 CC14528/CC4098（带清零端）

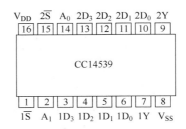

4 选 1 双数据选择器 CC14539

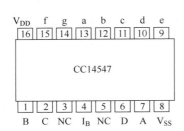

60mA 驱动显示译码器 CC14547（高电平有效）

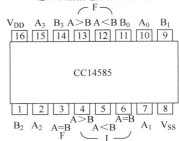

四位大小数比较器 CC14585

附图 C-3　CC45 系列（续）

4）其他常用集成电路

其他常用集成电路如附图 C-4 所示。

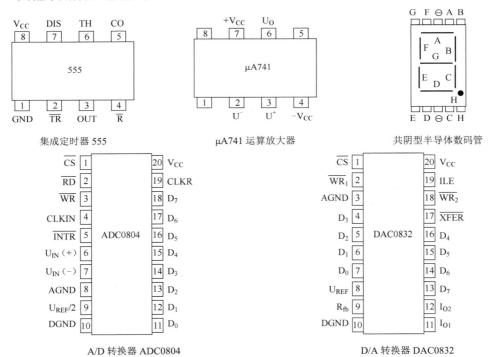

集成定时器 555　　　　　μA741 运算放大器　　　　　共阴型半导体数码管

A/D 转换器 ADC0804　　　　　　　　　D/A 转换器 DAC0832

附图 C-4　其他常用集成电路

4．常用 TTL 数字集成电路型号及功能

1）型号索引

如附表 C-12 所示。

附表 C-12　常用 TTL 数字集成电路型号及功能（用于按型号查找）

型　　号	逻辑功能或名称
74LS00	2 输入四与非门
74LS01	2 输入四与非门（OC）
74LS02	2 输入四或非门
74LS04	六反相器
74LS05	六反相器（OC）
74LS08	2 输入四与门
74LS09	2 输入四与门（OC）
74LS10	3 输入三与非门
74LS11	3 输入三与门
74LS12	3 输入三与非门（OC）
74LS15	3 输入三与门（OC）
74LS20	4 输入双与非门
74LS22	4 输入双与非门（OC）
74LS27	3 输入三或非门
74LS30	8 输入与非门
74LS32	2 输入四或门
74LS40	4 输入双与非门（功率输出）
74LS42	4-10 线 8421BCD 码译码器
74LS47	七段显示译码器（OC、低电平有效）
74LS48	七段显示译码器（OC、高电平有效）
74LS49	七段显示译码器（OC、高电平有效）
74LS51	双与或非门（2-2、3-3 输入）
74LS54	与或非门（2-3-3-2 输入）
74LS55	与或非门（4-4 输入）
74LS64	与或非门（2-2-3-4 输入）
74LS74	双 D 触发器（带置 1 和置 0）
74LS75	四 D 锁存器
74LS76	双 JK 触发器（带置 1 和置 0）
74LS83	四位二进制全加器
74LS85	四位大小数比较器
74LS86	2 输入四异或门
74LS90	异步二—五进制计数器
74LS93	异步二—八进制计数器
74LS109	双 JK 触发器（带置 1 和置 0）

型　　号	逻辑功能或名称
74LS112	双 JK 触发器（带置 1 和置 0）
74LS121	单稳态触发器
74LS122	单稳态触发器
74LS123	双单稳态触发器
74LS126	四总线缓冲器
74LS132	2 输入四与非门（施密特触发器）
74LS133	13 输入与非门
74LS136	2 输入四异或门（OC）
74LS138	3-8 线变量译码器
74LS148	8-3 线优先编码器
74LS151	8 选 1 数据选择器
74LS153	4 选 1 双数据选择器
74LS155	2-4 线双译码器/分配器
74LS156	2-4 线双译码器/分配器(OC)
74LS157	2 选 1 四数据选择器（同相）
74LS160	同步计数器（十进制，异步置 0、同步置数）
74LS161	同步计数器（四位二进制，异步置 0、同步置数）
74LS162	同步计数器（十进制，同步置 0、同步置数）
74LS163	同步计数器（四位二进制，同步置 0、同步置数）
74LS174	6D 触发器（单向输出）
74LS175	4D 触发器（互补输出）
74LS190	同步可逆十进制计数器（异步置数）
74LS192	同步可逆计数器（十进制，异步置 0、异步置数）
74LS193	同步可逆计数器（十六进制，异步置 0、异步置数）
74LS194	4 位双向移位寄存器
74LS221	双单稳态触发器
74LS248	七段显示译码器（上拉电阻、高电平有效）
74LS249	七段显示译码器（OC、高电平有效）
74LS260	5 输入双或非门
74LS273	8D 触发器（单向输出）
74LS290	异步二—五进制计数器
74LS293	异步二—八进制计数器
74LS373	八 D 锁存器(三态输出)
555	集成定时器

2）功能索引

如附表 C-13 所示。

附表 C-13 常用 TTL 数字集成电路型号及功能（用于按功能查找）

逻辑功能	名称	型号
缓冲器	四总线缓冲器	74LS126
非门	六反相器	74LS04
		74LS05（OC）
与非门	2 输入四与非门	74LS00
		74LS01（OC）
		74LS132（施密特触发器）
	3 输入三与非门	74LS10
		74LS12（OC）
	4 输入双与非门	74LS20
		74LS22（OC）
		74LS40（功率输出）
	8 输入与非门	74LS30
	13 输入与非门	74LS133
或非门	2 输入四或非门	74LS02
	3 输入三或非门	74LS27
	5 输入双或非门	74LS260
与门	2 输入四与门	74LS08
		74LS09（OC）
	3 输入三与门	74LS11
		74LS15（OC）
或门	2 输入四或门	74LS32
与或非门	双与或非门（2-2、3-3 输入）	74LS51
	与或非门（2-3-3-2 输入）	74LS54
	与或非门（4-4 输入）	74LS55
	与或非门（2-2-3-4 输入）	74LS64
异或门	2 输入四异或门	74LS86
		74LS136（OC）
变量译码器	2-4 线双译码器/分配器	74LS155
	2-4 线双译码器/分配器(OC)	74LS156
	3-8 线变量译码器	74LS138
	4-10 线 8421BCD 码译码器	74LS42
编码器	8-3 线优先编码器	74LS148
数据选择器	2 选 1 四数据选择器（同相）	74LS157
	4 选 1 双数据选择器	74LS153
	8 选 1 数据选择器	74LS151
加法器	四位二进制全加器	74LS83
比较器	四位大小数比较器	74LS85

逻辑功能	名　　称	型　　号
D 触发器或锁存器	双 D 触发器（带置 1 和置 0）	74LS74
	四 D 锁存器	74LS75
	6D 触发器（单向输出）	74LS174
	4D 触发器（互补输出）	74LS175
	8D 触发器（单向输出）	74LS273
	八 D 锁存器(三态输出)	74LS373
JK 触发器	双 JK 触发器（带置 1 和置 0）	74LS76
	双 JK 触发器（带置 1 和置 0）	74LS109
	双 JK 触发器（带置 1 和置 0）	74LS112
计数器	异步二—五进制计数器	74LS90
	异步二—八进制计数器	74LS93
	同步计数器（十进制，异步置 0、同步置数）	74LS160
	同步计数器（四位二进制，异步置 0、同步置数）	74LS161
	同步计数器（十进制，同步置 0、同步置数）	74LS162
	同步计数器（四位二进制，同步置 0、同步置数）	74LS163
	同步可逆十进制计数器（异步置数）	74LS190
	同步可逆计数器（十进制，异步置 0、异步置数）	74LS192
	同步可逆计数器（十六进制，异步置 0、异步置数）	74LS193
	异步二—五进制计数器	74LS290
	异步二—八进制计数器	74LS293
寄存器	4 位双向移位寄存器	74LS194
单稳态触发器	单稳态触发器	74LS121
	单稳态触发器	74LS122
	双单稳态触发器	74LS123
	双单稳态触发器	74LS221
显示译码器	七段显示译码器（OC、低电平有效）	74LS47
	七段显示译码器（OC、高电平有效）	74LS48
		74LS49
		74LS248
		74LS249
定时器	集成定时器	555

5. 常用 CMOS 数字集成电路型号及功能

如附表 C-14 所示。

附表 C-14 常用 CMOS 数字集成电路型号及功能

逻辑功能	名　　称	国 产 型 号	RCA 型号	MOTA 型号
或非门	2 输入四或非门	CC4001	CD4001	MC14001
	3 输入三或非门	CC4025	CD4025	MC14025
	4 输入双或非门	CC4002	CD4002	MC14002
	8 输入或非门	CC4078	CD4078	MC14078
与非门	2 输入四与非门	CC4011	CD4011	MC14011
	2 输入四与非门（施密特触发器）	CC4093	CD4093	MC14093
	3 输入三与非门	CC4023	CD4023	MC14023
	4 输入双与非门	CC4012	CD4012	MC14012
	8 输入与非门	CC4068	CD4068	MC14068
或门	2 输入四或门	CC4071	CD4071	MC14071
	3 输入三或门	CC4075	CD4075	MC14075
	4 输入双或门	CC4072	CD4072	MC14072
与门	2 输入四与门	CC4081	CD4081	MC14081
	3 输入三与门	CC4073	CD4073	MC14073
	4 输入双与门	CC4082	CD4082	MC14082
反相器	六反相器	CC4069	CD4069	MC14069
缓冲/变换器	六反相缓冲/变换器	CC4009	CD4009	—
	六同相缓冲/变换器	CC4010	CD4010	—
	六反相器（施密特触发器）	CC40106	CD40106	MC14584
异或门	2 输入四异或门	CC4030	CD4030	MC14030
	2 输入四异或门	CC4070	CD4070	MC14070
全加器	4 位超前进位全加器	CC4008	CD4008	MC14008
比较器	四位大小数比较器	CC14585	CD4585	MC14585
变量译码器	4-16 线变量译码器/输出 1	CC4028	CD4028	MC14028
	4-16 线变量译码器/输出 0	CC4514	—	MC14514
触发器	双 JK 主从触发器	CC4027	CD4027	MC14027
	双 D 触发器	CC4013	CD4013	MC14013
	六施密特触发器	CC40106	CD40106	MC14584
	2 输入四施密特触发器	CC4093	CD4093	MC14093
	双可重触发单稳态触发器	CC14528	—	MC114528
显示译码器	60mA 驱动显示译码器（高电平有效）	CC14547	—	MC14547
	七段显示译码器（BCD 锁存）	CC4511	CD4511	MC14511
模拟开关	四双向模拟开关	CC4066	CD4066	MC14066
	单 8 路模拟开关	CC4051	CD4051	MC14051
	双 4 路模拟开关	CC4052	CD4052	MC14052
	单 16 路模拟开关	CC4067	CD4067	—
	双 8 路模拟开关	CC4097	CD4097	—
数据选择器	4 选 1 双数据选择器	CC14539	—	MC14539
	8 选 1 数据选择器	CC4512	CD4512	MC14512

续表

逻辑功能	名　称	国产型号	RCA 型号	MOTA 型号
计数器	双 BCD 码同步加法计数器	CC4518	CD4518	MC14518
	双 4 位二进制同步加法计数器	CC4520	CD4520	MC14520
	可预置 BCD 加/减计数器	CC40192	CD40192	—
	十进制计数/分配器	CC4510	CD4510	MC14510
	可预置 4 位二进制加计数器	CC40161	CD40161	MC14161
寄存器	4 位移位寄存器	CC40194	CD40194	—

6. 部分数字集成电路的功能

数字电路分为组合电路和时序电路，二者在功能描述的方法上各有特点。一般常用功能表的形式描述数字电路的功能，但对于控制关系较复杂的时序电路，有时也用时序图更形象、直观地描述其功能。以下给出部分常用数字集成电路的功能和工作时序，以便于读者在验证集成电路功能、设计电路或调试电路时查阅。

附表 C-33　74LS151 的功能表

附表 C-34　74LS153 的功能表

附表 C-35　74LS155/74LS156（2-4 线双译码器）的功能表

附表 C-36　74LS157（2 选 1 四数据选择器）的功能表

附图 C-2　74LS160 的工作时序图

附表 C-51　CC4511 的功能表

附表 C-52　CC4518 的功能表

附表 C-53　CC14528/CC4098 双可重触发单稳态触发器功能表

附表 C-54　CC14547 的功能表(60mA 大电流驱动)

以下为功能表中符号说明：

0 为低电平，1 为高电平，×为不确定状态；

↑为时钟脉冲的上升沿，↓为时钟脉冲的下降沿；

Q_0 表示状态不变。

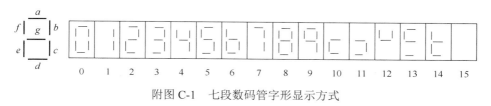

附图 C-1　七段数码管字形显示方式

附表 C-15　74LS42 的功能表

输入	输出
A_3 A_2 A_1 A_0	$\bar{Y}_0$ $\bar{Y}_1$ $\bar{Y}_2$ $\bar{Y}_3$ $\bar{Y}_4$ $\bar{Y}_5$ $\bar{Y}_6$ $\bar{Y}_7$ $\bar{Y}_8$ $\bar{Y}_9$
0 0 0 0	0 1 1 1 1 1 1 1 1 1
0 0 0 1	1 0 1 1 1 1 1 1 1 1
0 0 1 0	1 1 0 1 1 1 1 1 1 1
0 0 1 1	1 1 1 0 1 1 1 1 1 1
0 1 0 0	1 1 1 1 0 1 1 1 1 1
0 1 0 1	1 1 1 1 1 0 1 1 1 1
0 1 1 0	1 1 1 1 1 1 0 1 1 1
0 1 1 1	1 1 1 1 1 1 1 0 1 1
1 0 0 0	1 1 1 1 1 1 1 1 0 1
1 0 0 1	1 1 1 1 1 1 1 1 1 0
1 0 1 0	1 1 1 1 1 1 1 1 1 1
1 0 1 1	1 1 1 1 1 1 1 1 1 1
1 1 0 0	1 1 1 1 1 1 1 1 1 1
1 1 0 1	1 1 1 1 1 1 1 1 1 1
1 1 1 0	1 1 1 1 1 1 1 1 1 1
1 1 1 1	1 1 1 1 1 1 1 1 1 1

附表 C-16　74LS47 的功能表

序　号	输　入			I_B/RBO	输　出	注
	LT	RBI	*DCBA*		*abcdefg*	
0	1	1	0000	1	0000001	
1	1	×	0001	1	1001111	
2	1	×	0010	1	0010010	
3	1	×	0011	1	0000110	
4	1	×	0100	1	1001100	
5	1	×	0101	1	0100100	
6	1	×	0110	1	1100000	
7	1	×	0111	1	0001111	
8	1	×	1000	1	0000000	（1）
9	1	×	1001	1	0001100	
10	1	×	1010	1	1110010	
11	1	×	1011	1	1000110	
12	1	×	1100	1	1011100	
13	1	×	1101	1	0110100	
14	1	×	1110	1	1110000	
15	1	×	1111	1	1111111	
I_B	×	×	××××	0	1111111	（2）
RBO	1	0	0000	0	1111111	（3）
LT	0	×	××××	1	0000000	（4）

注：（1）译码显示功能。使用此功能时，试灯输入端 LT 应为无效的高电平，灭灯输入信号 I_B 必须为高电平或悬空；如果要显示十进制数"0"，动态灭灯输入 RBI 必须为高电平或悬空。

（2）灭灯功能。当灭灯输入信号 I_B 为低电平时，无论其他输入端状态如何，数码管所有字段均熄灭。

（3）动态灭"0"功能。使用此功能时，试灯输入信号 LT 应为无效的高电平，当动态灭灯输入信号 RBI 为低电平时，且输入（D~A）=0000 时，不能显示十进制数"0"，同时动态灭灯输出信号 RB 为低电平。

（4）试灯功能。当灭灯输入/动态灭灯输出信号 I_B/RBO 为高电平或悬空，且试灯输入信号 LT 为低电平，则所有字段均点亮。I_B/RBO 遵循线与逻辑，可作为灭灯输入信号也可作为动态灭灯输出信号。

附表 C-17　74LS48/74LS248/74LS249 的功能表

序　号	输　入			I_B/RBO	输　出	注
	LT	RBI	*D C B A*		*a b c d e f g*	
0	1	1	0000	1	1111110	
1	1	×	0001	1	0110000	
2	1	×	0010	1	1101101	
3	1	×	0011	1	1111001	（1）
4	1	×	0100	1	0110011	
5	1	×	0101	1	1011011	
6	1	×	0110	1	0011111	

序 号	输 入			I_B/RBO	输 出	注
	LT	RBI	$DCBA$		$abcdefg$	
7	1	×	0 1 1 1	1	1 1 1 0 0 0 0	
8	1	×	1 0 0 0	1	1 1 1 1 1 1 1	
9	1	×	1 0 0 1	1	1 1 1 0 0 1 1	
10	1	×	1 0 1 0	1	0 0 0 1 1 0 1	
11	1	×	1 0 1 1	1	0 1 1 1 0 0 1	(1)
12	1	×	1 1 0 0	1	0 1 0 0 0 1 1	
13	1	×	1 1 0 1	1	1 0 0 1 0 1 1	
14	1	×	1 1 1 0	1	0 0 0 1 1 1 1	
15	1	×	1 1 1 1	1	0 0 0 0 0 0 0	
I_B	×	×	× × × ×	0	1 1 1 1 1 1 1	(2)
RBO	1	0	0 0 0 0	0	1 1 1 1 1 1 1	(3)
LT	0	×	× × × ×	1	0 0 0 0 0 0 0	(4)

注：（1）～（4）同 74LS47。

另外，74LS48 和 74LS248 显示"6"和"9"时字形稍有不同，二者内部输出端都用 2kΩ 电阻上拉，可直接驱动。74LS249 为 OC 输出。

附表 C-18　74LS49 的功能表

序 号	输 入		输 出	功 能
	I_B	$DCBA$	$abcdefg$	
0	1	0 0 0 0	1 1 1 1 1 1 0	
1	1	0 0 0 1	0 1 1 0 0 0 0	
2	1	0 0 1 0	1 1 0 1 1 0 1	
3	1	0 0 1 1	1 1 1 1 0 0 1	
4	1	0 1 0 0	0 1 1 0 0 1 1	
5	1	0 1 0 1	1 0 1 1 0 1 1	
6	1	0 1 1 0	0 0 1 1 1 1 1	
7	1	0 1 1 1	1 1 1 0 0 0 0	
8	1	1 0 0 0	1 1 1 1 1 1 1	译码显示
9	1	1 0 0 1	1 1 1 0 0 1 1	
10	1	1 0 1 0	0 0 0 1 1 0 1	
11	1	1 0 1 1	0 1 1 1 0 0 1	
12	1	1 1 0 0	0 1 0 0 0 1 1	
13	1	1 1 0 1	1 0 0 1 0 1 1	
14	1	1 1 1 0	0 0 0 1 1 1 1	
15	1	1 1 1 1	0 0 0 0 0 0 0	
16	0	× × × ×	0 0 0 0 0 0 0	灭灯

附表 C-19　74LS74 的功能表

输　　　入				输　　出		功 能 说 明
$\overline{R_D}$ $\overline{S_D}$		CP	D	Q^{n+1}	$\overline{Q^{n+1}}$	
1　1		↑	0	0	1	置 0
1　1		↑	1	1	0	置 1
0　1		×	×	0	1	异步置 0
1　0		×	×	1	0	异步置 1
0　0		×	×	1	1	不定状态

附表 C-20　74LS75 的功能表

输　　入		输　　出		功 能 说 明
CP	D	Q^{n+1}	$\overline{Q^{n+1}}$	
1	0	0	1	置 0
1	1	1	0	置 1
0	×	Q_0	$\overline{Q}_0$	保持

附表 C-21　74LS76/74LS112 的功能表

输　　　　入				输　　出		功 能 说 明
$\overline{R_D}$ $\overline{S_D}$		CP	J　K	Q^{n+1}	$\overline{Q^{n+1}}$	
0　1		×	×　×	0	1	异步置 0
1　0		×	×　×	1	0	异步置 1
0　0		×	×　×	1	1	不定状态
1　1		1	×　×	Q_0	$\overline{Q}_0$	保持
1　1		↓	0　0	Q_0	$\overline{Q}_0$	保持
1　1		↓	0　1	0	1	置 0
1　1		↓	1　0	1	0	置 1
1　1		↓	1　1	$\overline{Q}_0$	Q_0	翻转

附表 C-22　74LS85 的功能表

输　　　　入				级 联 输 入			输　　出		
A_3　B_3	A_2　B_2	A_1　B_1	A_0　B_0	$I_{A>B}$	$I_{A<B}$	$I_{A=B}$	$F_{A>B}$	$F_{A<B}$	$F_{A=B}$
1　0	×	×	×	×	×	×	1	0	0
0　1	×	×	×	×	×	×	0	1	0
$A_3=B_3$	1　0	×	×	×	×	×	1	0	0
$A_3=B_3$	0　1	×	×	×	×	×	0	1	0
$A_3=B_3$	$A_2=B_2$	1　0	×	×	×	×	1	0	0
$A_3=B_3$	$A_2=B_2$	0　1	×	×	×	×	0	1	0
$A_3=B_3$	$A_2=B_2$	$A_1=B_1$	1　0	×	×	×	1	0	0
$A_3=B_3$	$A_2=B_2$	$A_1=B_1$	0　1	×	×	×	0	1	0
$A_3=B_3$	$A_2=B_2$	$A_1=B_1$	$A_0=B_0$	1	0	0	1	0	0
$A_3=B_3$	$A_2=B_2$	$A_1=B_1$	$A_0=B_0$	0	1	0	0	1	0

续表

输　　入				级　联　输　入			输　　出		
A_3　B_3	A_2　B_2	A_1　B_1	A_0　B_0	$I_{A>B}$	$I_{A<B}$	$I_{A=B}$	$F_{A>B}$	$F_{A<B}$	$F_{A=B}$
$A_3 = B_3$	$A_2 = B_2$	$A_1 = B_1$	$A_0 = B_0$	0	0	1	0	0	1
$A_3 = B_3$	$A_2 = B_2$	$A_1 = B_1$	$A_0 = B_0$	×	×	1	0	0	1
$A_3 = B_3$	$A_2 = B_2$	$A_1 = B_1$	$A_0 = B_0$	1	1	0	0	0	0
$A_3 = B_3$	$A_2 = B_2$	$A_1 = B_1$	$A_0 = B_0$	0	0	0	1	1	0

附表 C-23　74LS90/74LS290 的功能表

输　　入					输　　出		功　　能
$R_{0A} \cdot R_{0B}$	$S_{9A} \cdot S_{9B}$	CP			Q_3　Q_2　Q_1	Q_0	
		CP_0	CP_1	顺序			
1	0	×	×	—	0　0　0	0	置 0
×	1	×	×	—	1　0　0	1	置 9
0	0	↓	↓	0	0　0　0	0	二—五进制计数
				1	0　0　1	1	
				2	0　1　0	0	
				3	0　1　1	0	
				4	1　0　0	0	
				5	0　0　0	0	

附表 C-24　74LS90/74LS290 的功能表（按 8421BCD 码计数）

计　　数	输　　出
CP_0	Q_3　Q_2　Q_1　Q_0
0	0　0　0　0
1	0　0　0　1
2	0　0　1　0
3	0　0　1　1
4	0　1　0　0
5	0　1　0　1
6	0　1　1　0
7	0　1　1　1
8	1　0　0　0
9	1　0　0　1
0	0　0　0　0

附表 C-25　74LS90/74LS290 的功能表（按 5421BCD 码计数）

计　　数	输　　出
CP_1	Q_0　Q_3　Q_2　Q_1
0	0　0　0　0
1	0　0　0　1

计 数	输 出			
CP_1	Q_0	Q_3	Q_2	Q_1
2	0	0	1	0
3	0	0	1	1
4	0	1	0	0
5	1	0	0	0
6	1	0	0	1
7	1	0	1	0
8	1	0	1	1
9	1	1	0	0
0	0	0	0	0

注：CP_0 与输出 Q_0 实现二进制计数，CP_1 与输出 Q_3、Q_2、Q_1 实现五进制计数。将输出 Q_0 接到输入 CP_1 可实现 8421BCD 码计数；将输出 Q_3 接到输入 CP_0 可实现 5421BCD 码计数。

附表 C-26　74LS93 的功能表

输　入				输　出				功　能
$R_{0A} \cdot R_{0B}$	CP			Q_3　Q_2　Q_1			Q_0	
	CP_0	CP_1	顺序					
1	×	×	—	0　0　0			0	置0
0	↓	↓	0	0　0　0			0	二—八进制计数
			1	0　0　1			1	
			2	0　1　0			0	
			3	0　1　1				
			4	1　0　0				
			5	1　0　1				
			6	1　1　0				
			7	1　1　1				
			8	0　0　0				

注：CP_0 与输出 Q_0 实现二进制计数，CP_1 与输出 Q_3、Q_2、Q_1 实现八进制计数，将输出 Q_0 接到输入 CP_1 可实现十六进制计数。

附表 C-27　74LS109 的功能表

输　入				输　出		功能说明
$\overline{R_D}$　$\overline{S_D}$	CP	J　$\overline{K}$		Q^{n+1}	$\overline{Q^{n+1}}$	
0　1	×	×　×		0	1	异步置0
1　0	×	×　×		1	0	异步置1
0　0	×	×　×		1	1	状态不定
1　1	0	×　×		Q_0	$\overline{Q_0}$	保持
1　1	↑	0　0		0	1	置0
1　1	↑	0　1		Q_0	$\overline{Q_0}$	保持
1　1	↑	1　0		$\overline{Q_0}$	Q_0	翻转
1　1	↑	1　1		1	0	置1

附表 C-28 74LS121 单稳态触发器的功能表

输　入			输　出	
$\overline{A_1}$	$\overline{A_2}$	B	Q	$\overline{Q}$
0	×	1	0	1
×	0	1	0	1
×	×	0	0	1
1	1	×	0	1
1	↓	1	⊓	⊔
↓	1	1	⊓	⊔
↓	↓	1	⊓	⊔
0	×	↑	⊓	⊔
×	0	↑	⊓	⊔

附表 C-29 74LS122 可重触发单稳态触发器的功能表

输入					输出	
$\overline{CR}$	$\overline{A_1}$	$\overline{A_2}$	B_1	B_2	Q	$\overline{Q}$
0	×	×	×	×	0	1
×	1	1	×	×	0	1
×	×	×	0	×	0	1
×	×	×	×	0	0	1
1	0	×	↑	1	⊓	⊔
1	0	×	1	↑	⊓	⊔
1	×	0	↑	1	⊓	⊔
1	×	0	1	↑	⊓	⊔
1	1	↓	1	1	⊓	⊔
1	↓	↓	1	1	⊓	⊔
1	↓	1	1	1	⊓	⊔
↑	0	×	1	1	⊓	⊔
↑	×	0	1	1	⊓	⊔

注：74LS121、74LS122、74LS123 和 74LS221 特点如下。

（1）提供施密特触发输入。

（2）$t_W=0.7R_{EXT}\times C_{EXT}$。

　　$1.4\text{k}\Omega \leqslant R_{EXT} \leqslant 40\text{k}\Omega$，$0 \leqslant C_{EXT} \leqslant 1000\mu\text{F}$。

（3）74LS123 可重触发，74LS221 不可重触发。

附表 C-30　74LS123/74LS221 双单稳态触发器的功能表

输　入			输　出	
$\overline{CR}$	$\overline{A}$	B	Q	$\overline{Q}$
0	×	×	0	1
×	1	×	0	1
×	×	0	0	1
1	0	↑	⎍	⎇
1	↓	1	⎍	⎇
↑	0	1	⎍	⎇

附表 C-31　74LS138 的功能表

输　入			输　出								功　能
S_1	$\overline{S_2}+\overline{S_3}$	$A_2\,A_1\,A_0$	$\overline{Y_0}\;\overline{Y_1}\;\overline{Y_2}\;\overline{Y_3}\;\overline{Y_4}\;\overline{Y_5}\;\overline{Y_6}\;\overline{Y_7}$								
×	1	× × ×	1 1 1 1 1 1 1 1								禁止
0	×	× × ×	1 1 1 1 1 1 1 1								
1	0	0 0 0	0 1 1 1 1 1 1 1								
1	0	0 0 1	1 0 1 1 1 1 1 1								
1	0	0 1 0	1 1 0 1 1 1 1 1								
1	0	0 1 1	1 1 1 0 1 1 1 1								译码
1	0	1 0 0	1 1 1 1 0 1 1 1								
1	0	1 0 1	1 1 1 1 1 0 1 1								
1	0	1 1 0	1 1 1 1 1 1 0 1								
1	0	1 1 1	1 1 1 1 1 1 1 0								

附表 C-32　74LS148 的功能表

输　入									输　出					注
$\overline{S}$	$\overline{I_0}$	$\overline{I_1}$	$\overline{I_2}$	$\overline{I_3}$	$\overline{I_4}$	$\overline{I_5}$	$\overline{I_6}$	$\overline{I_7}$	$\overline{Y_2}$	$\overline{Y_1}$	$\overline{Y_0}$	$\overline{Y_S}$	$\overline{Y_{EX}}$	
1	×	×	×	×	×	×	×	×	1	1	1	1	1	禁止编码
0	1	1	1	1	1	1	1	1	1	1	1	0	1	允许编码 无编码输入
0	×	×	×	×	×	×	×	0	0	0	0	1	0	
0	×	×	×	×	×	×	0	1	0	0	1	1	0	
0	×	×	×	×	×	0	1	1	0	1	0	1	0	
0	×	×	×	×	0	1	1	1	0	1	1	1	0	优先编码
0	×	×	×	0	1	1	1	1	1	0	0	1	0	
0	×	×	0	1	1	1	1	1	1	0	1	1	0	反码输出
0	×	0	1	1	1	1	1	1	1	1	0	1	0	
0	0	1	1	1	1	1	1	1	1	1	1	1	0	

附表 C-33　74LS151 的功能表

输　入				输　出	
$\overline{S}$	A_2	A_1	A_0	Y	$\overline{Y}$
1	×	×	×	0	1
0	0	0	0	D_0	$\overline{D_0}$
0	0	0	1	D_1	$\overline{D_1}$
0	0	1	0	D_2	$\overline{D_2}$
0	0	1	1	D_3	$\overline{D_3}$
0	1	0	0	D_4	$\overline{D_4}$
0	1	0	1	D_5	$\overline{D_5}$
0	1	1	0	D_6	$\overline{D_6}$
0	1	1	1	D_7	$\overline{D_7}$

附表 C-34　74LS153 的功能表

输　入			输　出
$\overline{S}$	A_1	A_0	Y
1	×	×	0
0	0	0	D_0
0	0	1	D_1
0	1	0	D_2
0	1	1	D_3

注：选择输入信号 A_1 和 A_0 是共用的。

附表 C-35　74LS155/74LS156（2-4 线双译码器）的功能表

输　入					输　出			
$\overline{S}$	$1D$	$2\overline{D}$	A_1	A_0	Y_0	Y_1	Y_2	Y_3
1	×	×	×	×	1	1	1	1
0	1	0	0	0	0	1	1	1
0	1	0	0	1	1	0	1	1
0	1	0	1	0	1	1	0	1
0	1	0	1	1	1	1	1	0
×	0	1	×	×	1	1	1	1

注：选择输入信号 A_1 和 A_0 是共用的。$1D$ 和 $2\overline{D}$ 为数据输入信号，$\overline{S}$ 为选通信号。

附表 C-36　74LS157（2 选 1 四数据选择器）的功能表

输　入				输　出
$\overline{S}$	A_0	D_0	D_1	Y
1	×	×	×	0
0	0	0	×	0
0	0	1	×	1
0	1	×	0	0
0	1	×	1	1

注：选择端 A_0 是共用的。

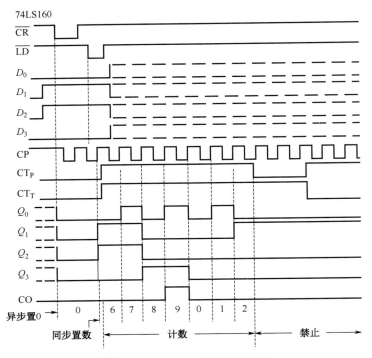

附图 C-2　74LS160 的工作时序图

附表 C-37　74LS160 的功能表

输　　入					输　　出			说　　明
$\overline{CR}$	$\overline{LD}$	CT_P　CT_T	CP	D_3 D_2 D_1 D_0	Q_3 Q_2 Q_1 Q_0	CO		
0	×	×　×	×	× × × ×	0　0　0　0	0		异步置 0
1	0	×　×	↑	D_3 D_2 D_1 D_0	D_3　D_2　D_1　D_0	CO= CT_T·Q_3 Q_0		同步置数
1	1	1　1	↑	× × × ×	十进制计数	CO= CT_T·Q_3 Q_0		
1	1	0　0	×	× × × ×	保　　持	CO= CT_T·Q_3 Q_0		
1	1	×　×	×	× × × ×	保　　持	0		

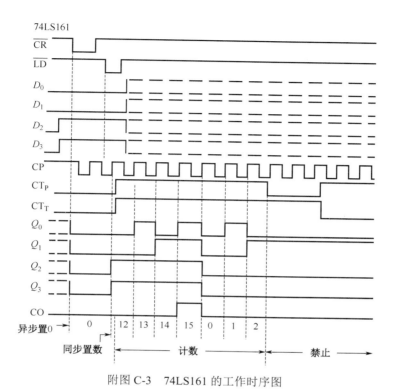

附图 C-3　74LS161 的工作时序图

附表 C-38　74LS161 的功能表

输　入						输　出		说　明
$\overline{CR}$	$\overline{LD}$	CT_P　CT_T	CP	D_3　D_2　D_1　D_0	Q_3　Q_2　Q_1　Q_0	CO		
0	×	×　　×	×	×　×　×　×	0　　0　　0　　0	0		
1	0	×　　×	↑	D_3　D_2　D_1　D_0	D_3　D_2　D_1　D_0	$CO=CT_T·Q_3 Q_2 Q_1 Q_0$		异步置 0
1	1	1　　1	↑	×　×　×　×	十六进制计数	$CO=Q_3 Q_2 Q_1 Q_0$		同步置数
1	1	0　　×	×	×　×　×　×	保　　持	$CO=CT_T·Q_3 Q_2 Q_1 Q_0$		
1	1	×　　0	×	×　×　×　×	保　　持	0		

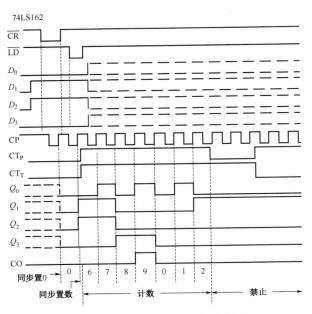

附图 C-4　74LS162 的工作时序图

附表 C-39　74LS162 的功能表

输　入									输　出					说　明
$\overline{CR}$	$\overline{LD}$	CT_P	CT_T	CP	D_3	D_2	D_1	D_0	Q_3	Q_2	Q_1	Q_0	CO	
0	×	×	×	↑	×	×	×	×	0	0	0	0	0	同步置 0 同步置数
1	0	×	×	↑	D_3	D_2	D_1	D_0	D_3	D_2	D_1	D_0	CO= $CT_T \cdot Q_3 Q_0$	
1	1	1	1	↑	×	×	×	×	十进制计数				CO= $Q_3 Q_0$	
1	1	0	×	×	×	×	×	×	保　持				CO= $CT_T \cdot Q_3 Q_0$	
1	1	×	0	×	×	×	×	×	保　持				0	

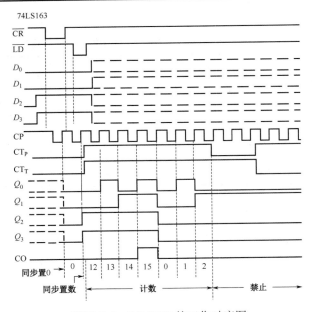

附图 C-5　74LS163 的工作时序图

附表 C-40 74LS163 的功能表

输　　入							输　　出			说　　明
$\overline{CR}$	$\overline{LD}$	CT_P　CT_T		CP	D_3　D_2　D_1　D_0		Q_3　Q_2　Q_1　Q_0	CO		
0	×	×	×	↑	×　×　×　×		0　0　0　0	0		
1	0	×	×	↑	D_3　D_2　D_1　D_0		D_3　D_2　D_1　D_0	$CO=CT_T·Q_3Q_2Q_1Q_0$		
1	1	1	1	↑	×　×　×　×		十六进制计数	$CO=Q_3Q_2Q_1Q_0$		同步置 0 同步置数
1	1	0	×	×	×　×　×　×		保　持	$CO=CT_T·Q_3Q_2Q_1Q_0$		
1	1	×	0	×	×　×　×　×		保　持	0		

附表 C-41 74LS174 的功能表

输　　入			输　　出	功　能　说　明
$\overline{R}$	CP	D	Q^{n+1}	
1	↑	0	0	置 0
1	↑	1	1	置 1
1	0	×	Q_0	保持
0	×	×	0	异步置 0

附表 C-42 74LS175 的功能表

输　　入			输　　出		功能说明
$\overline{R}$	CP	D	Q^{n+1}	$\overline{Q}^{n+1}$	
1	↑	0	0	1	置 0
1	↑	1	0	0	置 1
1	0	×	Q_0	$\overline{Q}_0$	保持
0	×	×	0	1	异步置 0

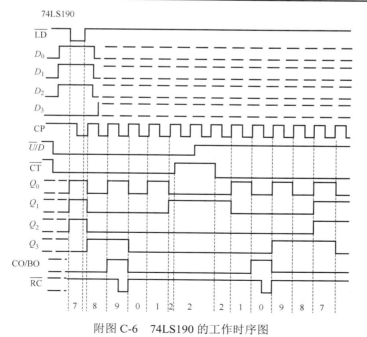

附图 C-6 74LS190 的工作时序图

附表 C-43　74LS190 的功能表

输　入								输　出				说　明
$\overline{LD}$	$\overline{CT}$	$\overline{U}/D$	CP	D_3	D_2	D_1	D_0	Q_3	Q_2	Q_1	Q_0	
0	×	×	×	D_3	D_2	D_1	D_0	D_3	D_2	D_1	D_0	异步置数
1	0	0	↑	×	×	×	×	十进制加计数				CO $=Q_3 Q_0$
1	0	1	↑	×	×	×	×	十进制减计数				BO$=\overline{Q_3}\cdot\overline{Q_2}\cdot\overline{Q_1}\cdot\overline{Q_0}$
1	1	×	×	×	×	×	×	Q_{3n}	Q_{2n}	Q_{1n}	Q_{0n}	保持

注：行波时钟输出信号 $\overline{RC}=\overline{\overline{CP}\cdot\overline{(CO/BO)}\cdot\overline{CT}}$

74LS192

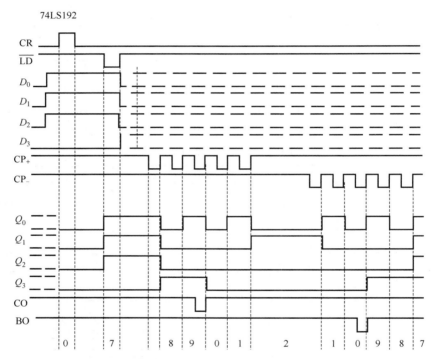

附图 C-7　74LS192 的工作时序图

附表 C-44　74LS192 的功能表

输　入								输　出				说　明
CR	$\overline{LD}$	CP_+	CP_-	D_3	D_2	D_1	D_0	Q_3	Q_2	Q_1	Q_0	
1	×	×	×	×	×	×	×	0	0	0	0	异步清零
0	0	×	×	d_3	d_2	d_1	d_0	d_3	d_2	d_1	d_0	异步置数
0	0	↑	1	×	×	×	×	十进制加计数				CO$=\overline{\overline{CP_+}\cdot Q_3\cdot Q_0}$
0	1	1	↑	×	×	×	×	十进制减计数				BO$=\overline{\overline{CP_-}\cdot\overline{Q_3}\cdot\overline{Q_2}\cdot\overline{Q_1}\cdot\overline{Q_0}}$
0	1	1	1	×	×	×	×	Q_{3n}	Q_{2n}	Q_{1n}	Q_{0n}	保　持

附表 C-45　74LS193 的功能表

输　　入								输　　出				说　　明
CR	$\overline{\text{LD}}$	CP$_+$	CP$_-$	D_3	D_2	D_1	D_0	Q_3	Q_2	Q_1	Q_0	
1	×	×	×	×	×	×	×	0	0	0	0	异步清零
0	0	×	×	d_3	d_2	d_1	d_0	d_3	d_2	d_1	d_0	异步置数
0	0	↑	1	×	×	×	×	十六进制加计数				CO=$\overline{\text{CP}_+ \cdot Q_3 \cdot Q_2 \cdot Q_1 \cdot Q_0}$
0	1	1	↑	×	×	×	×	十六进制减计数				BO=$\overline{\text{CP}_- \cdot Q_3 \cdot Q_2 \cdot Q_1 \cdot Q_0}$
0	1	1	1	×	×	×	×	Q_{3n}	Q_{2n}	Q_{1n}	Q_{0n}	保　持

附表 C-46　74LS194 的功能表

输　　入										输　　出				功　　能
$\overline{\text{CR}}$	M_1	M_0	CP	D_{SR}	D_{SL}	D_0	D_1	D_2	D_3	Q_0	Q_1	Q_2	Q_3	
0	×	×	×	×	×	×	×	×	×	0	0	0	0	清零
1	×	×	0	×	×	×	×	×	×	Q_{0n}	Q_{1n}	Q_{2n}	Q_{3n}	保持
1	0	0	×	×	×	×	×	×	×	Q_{0n}	Q_{1n}	Q_{2n}	Q_{3n}	保持
1	0	1	↑	×	0	×	×	×	×	Q_{0n}	Q_{1n}	Q_{2n}	Q_{3n}	右移
1	0	1	↑	×	1	×	×	×	×	0	Q_{0n}	Q_{1n}	Q_{2n}	右移
1	1	0	↑	0	×	×	×	×	×	1	Q_{0n}	Q_{1n}	Q_{2n}	左移
1	1	0	↑	1	×	×	×	×	×	Q_{1n}	Q_{2n}	Q_{3n}	0	左移
1	1	1	↑	×	×	d_0	d_1	d_2	d_3	Q_{1n}	Q_{2n}	Q_{3n}	1	并行输入

附表 C-47　74LS273 的功能表

输　　入			输　　出
$\overline{R}$	CP	D	Q^{n+1}
0	×	×	0
1	↑	1	1
1	↑	0	0
1	0	×	Q_0

附表 C-48　74LS373 的功能表

输　　入			输　　出
$\overline{\text{OC}}$	C	D	Q^{n+1}
0	1	1	1
0	1	0	0
0	0	×	Q_0
1	×	×	Z

注：Z 表示高阻状态。

附表 C-49 555 定时器的功能表

输　　入			输　　出	
TH	$\overline{TR}$	$\overline{R}$	OUT	T
×	×	0	0	导通
$>\frac{2}{3}V_{CC}$	$>\frac{1}{3}V_{CC}$	1	0	导通
$<\frac{2}{3}V_{CC}$	$>\frac{1}{3}V_{CC}$	1	不变	不变
$<\frac{2}{3}V_{CC}$	$<\frac{1}{3}V_{CC}$	1	1	截止

附表 C-50 TTL 型 555 和 CMOS 型 7555 的性能比较

参 数 名 称	TTL 型	CMOS 型
电源电压/V	4.5～15	3～15
静态电源电流/mA	10	0.2
尖峰电流/mA	300～400	2～3
驱动电流/mA	200	1～3
输出高电平/V	≥3	≥V_{DD}-0.05
输出低电平/V	≤0.5	≤0.4
最高振荡频率/kHz	300	500

注：TTL 型 555 在电路应用中由于尖峰电流大，应加滤波电容；由于输入阻抗低，在 CO 端应加去耦电容（0.01～0.1μF），而 CMOS 型 7555 则可不加；TTL 型 555 由于驱动电流大，可直接驱动低阻负载，如继电器、扬声器，而 CMOS 型 7555 只能驱动高阻负载。

附表 C-51 CC4511 的功能表

序　　号	输　　入							输　　出							注
	$\overline{LT}$	$\overline{I}_B$	LE	D	C	B	A	a	b	c	d	e	f	g	
0	1	1	0	0	0	0	0	1	1	1	1	1	1	0	
1	1	1	0	0	0	0	1	0	1	1	0	0	0	0	
2	1	1	0	0	0	1	0	1	1	0	1	1	0	1	
3	1	1	0	0	0	1	1	1	1	1	1	0	0	1	
4	1	1	0	0	1	0	0	0	1	1	0	0	1	1	
5	1	1	0	0	1	0	1	1	0	1	1	0	1	1	
6	1	1	0	0	1	1	0	0	0	1	1	1	1	1	
7	1	1	0	0	1	1	1	1	1	1	0	0	0	0	
8	1	1	0	1	0	0	0	1	1	1	1	1	1	1	（1）
9	1	1	0	1	0	0	1	1	1	1	0	0	1	1	
10	1	1	0	1	0	1	0	0	0	0	1	1	0	1	
11	1	1	0	1	0	1	1	0	1	1	1	0	0	1	
12	1	1	0	1	1	0	0	0	1	0	0	0	1	1	
13	1	1	0	1	1	0	1	1	0	0	1	0	1	1	
14	1	1	0	1	1	1	0	0	0	0	1	1	1	1	
15	1	1	0	1	1	1	1	0	0	0	0	0	0	0	

续表

序　号	输　入				输　出	注
	$\overline{LT}$	$\overline{I}_B$	LE	$D\ C\ B\ A$	$a\ b\ c\ d\ e\ f\ g$	
16	1	1	1	× × × ×	锁存	(2)
17	1	0	×	× × × ×	0 0 0 0 0 0 0	(3)
18	0	×	×	× × × ×	1 1 1 1 1 1 1	(4)

注：（1）译码显示功能。

（2）LE 为锁存控制有效信号，输出锁存信息，为 LE=0 时的 BCD 码。

（3）$\overline{I}_B$ 为灭灯功能有效信号，所有字段均熄灭。

（4）$\overline{LT}$ 为试灯功能有效信号，所有字段均点亮。

附表 C-52　CC4518 计数器的功能表

输　入			工 作 方 式
CP　EN　R			
↑	1	0	同步加法十进制计数
↓	×	0	不变
×	↑	0	
↑	0	0	
×	×	1	清零

附表 C-53　CC14528/CC4098 双可重触发单稳态触发器功能表

输　入			输　出		工 作 方 式
$\overline{CR}$	$\overline{A}$	B	Q	$\overline{Q}$	
0	×	×	0	1	清除
1	0	↑	0	1	禁止
1	↓	1	0	1	禁止
1	1	↑	⊓	⊔	单稳
1	↓	0	⊓	⊔	单稳

附表 C-54　CC14547 的功能表（60mA 大电流驱动）

序　号	输　入		输　出	功　能
	I_B	$D\ C\ B\ A$	$a\ b\ c\ d\ e\ f\ g$	
0	1	0 0 0 0	1 1 1 1 1 1 0	
1	1	0 0 0 1	0 1 1 0 0 0 0	
2	1	0 0 1 0	1 1 0 1 1 0 1	
3	1	0 0 1 1	1 1 1 1 0 0 1	
4	1	0 1 0 0	0 1 1 0 0 1 1	译码显示
5	1	0 1 0 1	1 0 1 1 0 1 1	
6	1	0 1 1 0	0 0 1 1 1 1 1	
7	1	0 1 1 1	1 1 1 0 0 0 0	
8	1	1 0 0 0	1 1 1 1 1 1 1	

续表

序　号	输　入		输　出		功　能
	I_B	D C B A	a b c d e f g		
9	1	1　0　0　1	1　1　1　0　0　1　1		
10	1	1　0　1　0	0　0　0　0　0　0　0		
11	1	1　0　1　1	0　0　0　0　0　0　0		
12	1	1　1　0　0	0　0　0　0　0　0　0	译码显示
13	1	1　1　0　1	0　0　0　0　0　0　0	
14	1	1　1　1　0	0　0　0　0　0　0　0	
15	1	1　1　1　1	0　0　0　0　0　0　0	
16	0	×　×　×　×	0　0　0　0　0　0　0	灭灯

附录 D   实验记录参考数据

1. 第二章 任务一 集成逻辑门电路的逻辑功能测试

附表 D-1   74LS04 逻辑功能测试表（表 2-2）

A	1Y	2Y	3Y	4Y	5Y	6Y
0	1	1	1	1	1	1
1	0	0	0	0	0	0

附表 D-2   74LS00 逻辑功能测试表（表 2-3）

A	B	1Y	2Y	3Y	4Y
0	0	1	1	1	1
0	1	1	1	1	1
1	0	1	1	1	1
1	1	0	0	0	0

附表 D-3   74LS55 部分逻辑功能测试表（表 2-4）

A	B	1Y	2Y	3Y	4Y
0	0	0	0	0	0
0	1	1	1	1	1
1	0	1	1	1	1
1	1	0	0	0	0

附表 D-4   74LS86 逻辑功能测试表（表 2-5）

A	B	C	D	E	F	G	H	Y
0	0	0	0	0	0	0	0	1
0	0	0	0	0	1	1	1	1
0	0	0	0	1	0	1	1	1
0	0	0	0	1	1	0	1	1
0	0	0	0	1	1	1	0	1
0	0	0	0	1	1	1	1	0
1	1	1	1	0	0	0	0	0
0	1	1	1	0	0	0	0	1
1	0	1	1	0	0	0	0	1
1	1	0	1	0	0	0	0	1
1	1	1	0	0	0	0	0	1

2. 第二章 任务三 集成门电路构成组合逻辑电路的实验分析

附表 D-5 电路 1 和电路 2 的真值表（表 2-10）

A	B	Y	Z	S_n	C_n
0	0	0	0	0	0
0	1	1	0	1	0
1	0	1	0	1	0
1	1	0	1	0	1

附表 D-6 电路 3 真值表（表 2-11）

A_n	B_n	C_{n-1}	S_n	C_n
0	0	0	0	0
0	0	1	1	0
0	1	0	1	0
0	1	1	0	1
1	0	0	1	0
1	0	1	0	1
1	1	0	0	1
1	1	1	1	1

3. 第二章 任务四 MSI 译码器的检测与应用

附表 D-7 用 74LS138 及门电路实现的组合逻辑电路的真值表（表 2-14）

A	B	C	Y	Y（S_1 端接地）
0	0	0	0	0
0	0	1	0	0
0	1	0	0	0
0	1	1	1	0
1	0	0	0	0
1	0	1	1	0
1	1	0	1	0
1	1	1	1	0

4. 第二章 任务七 触发器的功能分析

附表 D-8 基本 RS 触发器逻辑功能测试表（表 2-19）

步 骤	$\overline{R}$	$\overline{S}$	Q	$\overline{Q}$	功 能
1	0	0	1	1	不确定
2	0	1	0	1	置 0
3	1	1	0	1	保持
4	1	0	1	0	置 1
5	1	1	1	0	保持

附表 D-9　JK 触发器直接置 0 和置 1 端的功能测试（表 2-20）

步骤	CP	J	K	$\overline{S_D}$	$\overline{R_D}$	$Q^n=0$		$Q^n=1$	
						Q^{n+1}	$\overline{Q^{n+1}}$	Q^{n+1}	$\overline{Q^{n+1}}$
0				1	1	0	1	1	0
1				1	1→0	0	1	0	1
2				1	0→1	0	1	0	1
3	×	×	×	1→0	1	1	0	1	0
4				0→1	1	1	0	1	0
5				1→0	1→0	×	×	×	×
6				0→1	0→1	×	×	×	×

附表 D-10　JK 触发器逻辑功能的测试（表 2-21）

步骤	$\overline{R_D}$	$\overline{S_D}$	J	K	CP	Q^{n+1}	
						$Q^n=0$	$Q^n=1$
1			0	0	0→1	0	1
2					1→0	0	1
3			0	1	0→1	0	1
4	1	1			1→0	0	0
5			1	0	0→1	0	0
6					1→0	1	1
7			1	1	0→1	1	1
8					1→0	0	0

附表 D-11　D 触发器逻辑功能的测试（表 2-23）

步骤	$\overline{R_D}$	$\overline{S_D}$	D	CP	Q^{n+1}	
					$Q^n=0$	$Q^n=1$
1			0	0→1	0	0
2	1	1		1→0	0	0
3			1	0→1	1	1
4				1→0	1	1

附表 D-12　三位异步二进制加法计数器（表 2-25）

$\overline{R_D}$	CP	Q_3	Q_2	Q_1	代表十进制数
0	×	0	0	0	0
	0	0	0	0	0
	1	0	0	1	1
	2	0	1	0	2
	3	0	1	1	3
1	4	1	0	0	4
	5	1	0	1	5
	6	1	1	0	6
	7	1	1	1	7
	8	0	0	0	0

附表 D-13　三位异步二进制减法计数器（表 2-26）

$\overline{R_D}$	CP	Q_3	Q_2	Q_1	代表十进制数
0	×	0	0	0	0
1	0	0	0	0	0
	1	1	1	1	7
	2	1	1	0	6
	3	1	0	1	5
	4	1	0	0	4
	5	0	1	1	3
	6	0	1	0	2
	7	0	0	1	1
	8	0	0	0	0

附表 D-14　异步十进制加法计数器（表 2-27）

$\overline{R_D}$	CP	Q_4	Q_3	Q_2	Q_1	代表十进制数
0	×	0	0	0	0	0
1	0	0	0	0	0	0
	1	0	0	0	1	1
	2	0	0	1	0	2
	3	0	0	1	1	3
	4	0	1	0	0	4
	5	0	1	0	1	5
	6	0	1	1	0	6
	7	0	1	1	1	7
	8	1	0	0	0	8
	9	1	0	0	1	9
	10	0	0	0	0	0

附表 D-15　十进制计数器的计数状态顺序表（表 2-29）

CP	Q_3	Q_2	Q_1	Q_0	代表十进制数
0	0	0	0	1	1
1	0	0	1	0	2
2	0	0	1	1	3
3	0	1	0	0	4
4	0	1	0	1	5
5	0	1	1	0	6
6	0	1	1	1	7
7	1	0	0	0	8
8	1	0	0	1	9
9	1	0	1	0	10
10	0	0	0	1	1

5．第二章 任务十一 555 时基电路

附表 D-16 实验记录 1（表 2-32）

TH	$\overline{\text{TR}}$	$\overline{R}$	OUT	放电管状态（导通/截止）
×	×	0	0	导通

附表 D-17 实验记录 2（表 2-33）

步 骤	$\overline{\text{TR}}$	TH	$\overline{R}$	Q^n	Q^{n+1}	转换电压
0	$> \frac{1}{3} V_{CC}$	$< \frac{2}{3} V_{CC}$	$0 \to 1$	×	0	×
1	$\to < \frac{1}{3} V_{CC}$	$< \frac{2}{3} V_{CC}$	1	0	1	$\frac{1}{3} V_{CC}$
2	$\to > \frac{1}{3} V_{CC}$			1	1	$\frac{1}{3} V_{CC}$
3	$> \frac{1}{3} V_{CC}$	$\to > \frac{2}{3} V_{CC}$		1	0	$\frac{2}{3} V_{CC}$
4		$\to < \frac{2}{3} V_{CC}$		0	0	$\frac{2}{3} V_{CC}$
5	$> \frac{1}{3} V_{CC}$	$\to > \frac{2}{3} V_{CC}$		0	0	$\frac{1}{3} V_{CC}$
6	$\to < \frac{1}{3} V_{CC}$	$> \frac{2}{3} V_{CC}$		0	0	$\frac{1}{3} V_{CC}$